浙江省哲学社会科学领军人才培育专项子课题（22YJRC03ZD-1YB）项目成果

2022年度浙江理工大学基本科研业务费项目资助

西方时尚历史样本的借鉴与批评

典型案例与跨学科综合研究

刘丽娴　著

浙江大学出版社

ZHEJIANG UNIVERSITY PRESS

·杭州·

前　言

2019 年，我国国务院办公厅印发《关于加快发展流通促进商业消费的意见》，其中指出，需进一步优化消费环境，促进流通新业态、新模式发展，培育时尚消费等商业新模式，进而引发了时尚文化与时尚消费的关联性思考。

回望西方时尚历史进程，西方时尚中心在法国巴黎、美国纽约、意大利米兰、英国伦敦等地转承互动，既是时尚进程中的偶然，也是历史发展的必然。纵观西方时尚发展历程，法、美、意、英等西方时尚区域文化特色鲜明，涵盖以"宫廷文化与高级定制"为特征的法国时尚文化、以"流行文化与大众市场"为特征的美国时尚文化、以"文艺复兴与高级成衣"为特征的意大利时尚文化，以及以"贵族文化与创意产业"为特征的英国时尚文化。西方时尚中心虽建构于不同历史时期，且各个时期均形成了各自特有的区域时尚文化和与之配伍的时尚体系，但都产生于且服务于各自区域的政治、经济、文化发展，共同推动区域时尚产业繁荣。

时尚是一种社会现象和社会阶级象征，是时代精神的映射。时尚系统则产生于从时尚生产到消费这一复杂而有序的过程。17 世纪，法国宫廷时尚萌蘖，而现代时尚体系源自 19 世纪的法国。笔者根据现有文献资料对法国高级时装公会、高级时装设计师等历史进行追溯后发现，时尚体系与社会政治经济交错。美国自 19 世纪在其东部沿海布局纺织教育项目，逐步建构了以"流行文化与大众市场"为特征的时尚体系，在此期间经历了从仰望法国巴黎、以效仿为主到自主创新的转型进程。

对标西方时尚历史样本，不难发现：以时尚文化为支撑，以时尚体系为保障，对推动区域时尚产业发展具有重要作用；总结时尚体系构成要素与关键环节，解构时尚体系形成的必备条件，有助于分析西方时尚体系各具代表性的时尚文化内涵与西方时尚中心构成乃至转承的必然发展；汲取西方时尚经验，借鉴文化经济学、场域理论、目标一致理论、元时尚等相关跨学科理论，探讨时尚文化、时尚体系、时尚产业之间的逻辑事理关系，有助于推动中国时尚产业高质量发展。

为对接中国时尚消费市场建设与发展诉求，笔者基于已完成的国家社会科学基金艺术学项目、过往实践项目及理论研究成果，通过梳理西方时尚体系演变历程与发展轨迹，以借鉴与批评的综合视角，回望西方时尚体系的萌蘖与发展，借助典型案例分析与跨学科理论研究，分析时尚体系构成及时尚文化助推时尚产业发展的历史经验，探讨西方时尚研究对中国时尚产业发展的价值，希望能够为正在形成中的中国时尚文化、中国大众流行文化、中国时尚消费市场提供参考。

刘丽娴

浙江理工大学

浙江省丝绸与时尚文化研究中心

2021 年 3 月 15 日

目 录

第一章

西方时尚概述

一、时尚与流行 / 2

二、作为时代精神映射的时尚 / 8

三、时尚的层次 / 23

四、时尚文化、体系与产业的逻辑事理 / 25

参考文献 / 32

第二章

西方区域时尚文化特色

一、西方时尚中心 / 38

二、西方区域时尚文化特色 / 46

参考文献 / 56

第三章

西方区域时尚文化与时尚体系

一、法国巴黎：宫廷文化与高级定制 / 62

二、美国纽约：流行文化与大众市场 / 64

三、意大利米兰：文艺复兴与高级成衣 / 67

四、英国伦敦：贵族文化与创意产业 / 69

五、西方时尚体系的比较分析 / 72

参考文献 / 73

第四章

西方区域时尚中心与时尚产业特征

一、法国巴黎与高级时装业	/ 76
二、美国纽约与大众成衣业	/ 80
三、意大利米兰与高级成衣业	/ 81
四、英国伦敦与创意文化产业	/ 83
参考文献	/ 86

第五章

西方时尚中心及其转承互动

一、西方时尚中心的转承互动	/ 90
二、时尚中心的转承驱动力	/ 93
三、时尚中心的转承基础	/ 95
参考文献	/ 111

第六章

西方时尚进程中的典型案例

一、沃斯高级时装屋	/ 114
二、杜塞高级时装屋	/ 125
三、波烈高级时装屋	/ 131
四、马瑞阿诺·佛坦尼高级时装屋	/ 142
五、夏帕瑞丽高级时装屋	/ 151
六、香奈儿高级时装品牌	/ 159
七、詹姆斯高级时装品牌	/ 165
八、纪梵希高级时装品牌	/ 174
九、索列尔·方塔那高级时装品牌	/ 181
参考文献	/ 190

第七章

西方时尚与跨学科理论研究

一、综合性的时尚研究　　　　　　　　　　　　／ 196

二、目标一致理论的借鉴思考　　　　　　　　　／ 197

三、"元时尚"理论借鉴　　　　　　　　　　　／ 205

四、文化经济学理论借鉴　　　　　　　　　　　／ 211

五、历时性与共时性研究　　　　　　　　　　　／ 212

六、时尚与系统论　　　　　　　　　　　　　　／ 213

七、时尚与场域理论　　　　　　　　　　　　　／ 215

八、时尚与模块化思想　　　　　　　　　　　　／ 218

九、时尚与梯度推移理论　　　　　　　　　　　／ 220

十、时尚与文化地理学　　　　　　　　　　　　／ 221

参考文献　　　　　　　　　　　　　　　　　　／ 222

第八章

西方时尚经验的借鉴与批评

一、西方时尚已有研究的综合述评　　　　　　　／ 226

二、西方时尚历史经验——时尚转承与设计政策　／ 228

三、西方时尚研究——他山之石以攻玉　　　　　／ 230

四、西方时尚研究的路径　　　　　　　　　　　／ 232

五、西方时尚研究与中国价值的发现　　　　　　／ 233

六、典型案例映射西方时尚进程　　　　　　　　／ 234

参考文献　　　　　　　　　　　　　　　　　　／ 235

后　记

／ 237

第一章

西方时尚概述

一、时尚与流行

区别于流行作为大众传播概念范畴与时代精神的映射，时尚是设计的前沿部分。时尚体系是集设计、运营、制度、文化、产业于一体的综合范畴，形成于特定社会文化背景下的生产与销售关系中，具有时间与空间的双重属性。综合时空范畴，借鉴跨学科理论，能够丰富时尚研究视角，进而催生时尚理论创新。

（一）时尚的内涵

提及时尚，人们多想到服装、服饰品，而在直面时尚的内涵时，可以发现时尚维度之交叠，层次之丰富。当下种种时尚现象，与政治、经济、文化等领域繁复交织，且涉及人们生活的各个方面，已然超越最初以"时装"为核心的概念范畴。

时尚是社会变革与时代精神变迁的映射。而时尚现象的出现虽有其必然规律且有迹可循，但常常由偶发事件驱动，这是时尚历史进程的必然发展。

对于一个国家而言，时尚是文化与经济相互赋能、互为表里的一种整体思想与文化策略。这一观点的历史验证可见于后文中有关法国时尚体系的研究。法国时尚产业作为法国国家战略性产业，萌蘖于路易十四时期。当时，相关政策的确立与执行，推动了以纺织品与服饰品为核心的时尚产业快速发展以及法国时尚体系的建立，法国时尚产业同时也对法国的政治、经济、文化发展有所贡献。

对时尚进行社会学研究的先驱是美国制度经济学家托斯丹·邦德·凡勃伦[①]和德国社会学家格奥尔格·齐美尔[②]。他们首先把时尚和人的社会定位、社会阶

[①] 托斯丹·邦德·凡勃伦（Thorstein Bunde Veblen），挪威裔美国经济学家，被推崇为制度经济学的创始者。主要著作有《有闲阶级论》和《企业理论》。

[②] 格奥尔格·齐美尔（Georg Simmel），德国社会学家、哲学家。主要著作有《货币哲学》和《社会学》。

层分化及社会融合过程联系起来并加以考察，他们的结论至今仍具有巨大的影响力与价值。20世纪初，齐美尔指出，时尚是在特定的社会环境中统合与分化的需求，时尚的驱动力来自社会阶级分化的外在要求，是社会造就了时尚。将时尚视为阶级区分符号的观点奠定了现代时尚理论的基础。

20世纪中叶，美国社会学家赫拜特·布鲁默[①]和法国社会学家皮埃尔·布迪厄[②]进一步推进了基于社会学理论的时尚研究。布鲁默把时尚视为时尚消费群体集体选择的结果，并赋予这一选择经济学视角的阐释。而布迪厄则提出场域理论，强调时尚实质上是文化资本积累的过程。在19世纪的阶级思想和倡导炫耀式有闲消费观念下，人们凭借时尚符号能够简单、清晰地分辨着装者所属的社会阶层，有闲阶级群体与中产阶级群体之间的时尚差异显而易见。布鲁默指出，时尚的确立实质上是一个集中挑选的过程，是消费者不约而同集体选择的结果。阶级分化是集体选择形成的一种时尚现象，并非时尚的真正成因。不否认有闲阶级的时尚偶像等个体对时尚具有权威性和示范性，但他们并不是时尚的创造者。在中产阶级群体系统中，同样存在集体选择。中产阶级群体的选择明显受到有闲阶级群体的影响，中产阶级在模仿的同时会根据自身财力与需求，集体性选择更加适合阶级品位的时尚，而在中产阶级群体集中选择的过程中，时尚杂志的媒介作用不可忽视。

（二）现有时尚研究

国外时尚研究始于社会学视角解读，后涉及符号、经济、心理等多学科。最初的时尚研究就具有跨学科、综合性的理论研究特征。国外现有时尚研究观点主要包括：时尚是炫耀性消费产物（凡勃伦，1964）；时尚是对既定模式的模仿（齐美尔，2017）；时尚是社会改革的武器（罗斯，2012）；时尚研究的是大众文化（巴特，1999）；时尚是基于符号学和结构主义探讨时尚系统（巴特，2000）；时尚是集体选择过程（布鲁默，1996）；时尚具空间结构关系（布迪厄等，1998）；时尚得益于制度性基础系统，以平衡审美属性与商业需求（Rantisi，

[①] 赫拜特·布鲁默（Herbert Blumer），美国社会学家，符号互动论的主要倡导者和定名人。
[②] 皮埃尔·布迪厄（Pierre Bourdieu），法国社会学家。主要著作有《实践理论大纲》《教育、社会和文化的再生产》《语言与符号权利》和《实践与反思：反思社会学导引》。

2004）；时尚是社会制度与各种机构组成的系统（Kawamura，2005）；时尚受文化资本与可持续思想影响（思罗斯比，2015）；时尚是心理学视角的文化价值解读（塔尔德，2008）；时尚能预示社会变革且映射审美演变（格朗巴赫，2007）。

中国国内时尚研究始于20世纪末就国际时尚体系中的中国时尚展开研究。国内现有时尚研究观点主要包括：时尚演变映射社会变迁（周晓红，1995）；时尚是现存社会秩序的再生产渠道（周宪，2005）；国际流行体系被分为上下层级（肖文陵，2010）；政府主导、制造时尚、消费时尚、市场导向是常见时尚发展模式（刘长奎等，2012）；时尚是由媒体、明星、消费工业构成的社会系统（杨道圣，2013）；借鉴场域理论探讨中法时尚场（姜图图，2012）；夯实中国文化主体性以构建中国时尚文化传播体系（肖文陵，2016）；时尚产业具有经济与文化双重属性（李加林等，2019）；真正现实意义上的时尚多元化，从粉碎国际时尚体系开始（王柯，2020）。

19世纪末至20世纪初，相关学者针对社会中一系列时尚现象的思考拉开了时尚理论研究的序幕。从整体看来，国内外已有的研究涵括了时尚内涵、时尚文化、时尚体系、时尚产业、时尚消费等维度，验证了时尚研究本身的综合性特征。上述研究推动了时尚相关研究渐进发展，为我们的研究奠定了很好的理论基础，并启发我们就如下四个方面进行考虑和研究：①探讨时尚文化、体系、产业内在逻辑事理关系；②借鉴并批评西方时尚历史样本，以点带面地映射时尚历史进程；③解读西方时尚中心建构，借鉴设计政策、设计管理等跨学科理论，归纳转承契机与历史必然，以拓宽研究视角，厘清中国大众流行文化形成，促进时尚消费与时尚产业发展；④关注时尚研究本身的跨学科综合性特征，并联系其服务生活、映射社会的属性，紧密联系理论与实践，思考时尚的丰富维度以及时尚学学科建设。

（三）流行的内涵

18世纪后半叶，由于西方工业文明的兴起，经济飞速发展，近代的流行在范围和速度上逐渐向现代化靠拢。高级时装之父查尔斯·弗莱德里克·沃斯 [①] 开

[①] 查尔斯·弗莱德里克·沃斯（Charles Frederick Worth），第一位在欧洲出售设计图给服装厂商的设计师，也是服装界第一位开设时装沙龙的人，更是时装表演的始祖。

了服装表演和时尚模特的先河，服装流行的商业模式由此开始显现。第一次世界大战之后，服装的市场流行特征初见端倪，服装的款式及加工方式随之骤变，服饰审美开始趋于简洁和实用，女装设计汲取了当时的男装和军装设计元素，呈现出现代女性审美特征。第二次世界大战之后，流行走向大众市场与街头时尚。这时的服饰受到战争影响，设计师们的作品均不同程度地表达了人们在战后对美与和平的期待和向往。

20世纪中期以后，西方纯然仰望法国巴黎的审美范式被打破，成衣的批量化生产模式成为主流。生产成本的降低使时尚不再是有闲阶层和上流社会的特权，年轻人和普通大众逐渐成为时尚消费的主体。自此，大众消费者的时尚诉求开始更多地影响时尚演变，时装设计的风格也趋于多样，通俗艺术和街头文化成为设计师们的灵感来源，服装流行呈现出多元风格、跨越阶层、大规模和快速发展的特点。流行的传播方式也从自上而下的下传模式逆转为自下而上的上传模式，两者并存，共同推进时尚发展。

20世纪90年代以后，网络与数字经济进一步改变了流行的传播方式，流行与以往不同的鲜明特色在于浓厚的商业氛围。流行已不再是局限于某一国度、某一民族、某一社会阶层的小规模模仿现象，而是朝着打破地域界限、忽略阶级局限的大规模、广范围、高速度、短周期的方向加速发展。同时，流行也不再是单向发展的，而是呈现多元化的发展趋势。

流行作为一种普遍的社会现象，是指在一定历史时期内在一定的区域甚至全球范围内，由一定数量的人，受某种意识的驱使，以模仿为媒介，迅速地接受符合自己的价值观念、思想意识、认知方式的事物，从而使其在短时间内大量同化、广泛扩散的社会现象。流行的内容必须是新近发生的新颖样式，流行的整个过程在社会生活中显得非常短暂。流行主要反映当时的社会和文化背景，是商业社会的组成部分。纵览历史发展的轨迹与文脉，每一次重大的社会变革、科学技术的进步、社会人文思潮的演变均折射于当时的流行表现。流行涉及社会生活的各个领域，既可以发生在日常生活中的最普遍领域，以特定的物质形式为载体而形成流行，如衣着、服饰、饮食等方面；又可以发生在社会的日常生活中，以各种各样的符号或象征等构成传播，如语言、娱乐等方面；还可以发生在人们的意识形态活动中，如文艺、宗教、政治等方面。在一定时间内出现的流行，经历一段时间的传播后，就会成为"旧"的东西并逐渐消失，于是"新"的流行便取而代之。如此循环往复，成为流行存在的基本形态。

我们可以从如下四个方面解读流行。

①流行是人们通过跟随与追求某种生活方式及社会思潮，从而满足身心等需求的过程。它涉及的范围十分广泛，既包括物质层面，又包括精神层面。

②流行的形成是相当数量的人去模仿和追求，并达成一定的规模，从而普及开来的一种现象。现代意义上的流行不仅仅停留在量的方面，也不仅仅意味着同大量的人的结合，而是渗透到人们的日常生活中，成为人们日常生活不可分割的一部分，构成大众精神生活的重要组成部分。

③流行现象的发生对应特定时间范围内的社会事件，是社会思潮的映射。若长久持续，就会转化为人们的习惯，进而成为社会传统的一部分。任何一种流行现象都经历了产生、发展、兴盛和衰亡的过程，这个过程称为流行的生命周期。

④流行是商业社会的产物。流行的更迭推动了社会生产，其通过时尚消费需求的激发，进而推动经济发展。

（四）现有流行研究

国外现有流行研究观点主要包括：流行是个人的行为举止、生活方式通过群体性模仿而变成一时流动、扩散的社会现象（康德，2005）；流行是社会关系的一种表演活动，通过时装外观的讲究和不断变化，各个阶级和阶层的人相互间实现了相互模拟和区分化（斯宾塞，2001）；流行随着奢侈生活方式的传播而兴起，也是一种奢侈生活方式，流行文化迅速地改变了欧洲社会的结构和人民的精神状态（桑巴特，2005）；流行是引入与自由社会中个性理想相对抗的反应体系（阿多诺，2005）；流行是一种背离法则的方式，其本质就是建立流行的武断性（巴特，2000）；流行是一种心理的立体主义（鲍德里亚，2001）；流行是受到许多人喜爱的、为自己而创造的文化（威廉斯，2005）；流行作为政治经济学的表现，如同市场一样，是一种普遍的形式（鲍德里亚，2006）；流行文化通过全球化、媒体化、信息化和符码化的过程改造了现代社会的基本结构（吉登斯，2015）；流行是某种包含新款式的创造、介绍给消费大众以及广受消费大众欢迎的动态社会历程（Sproles，1979）；流行文化是物质文化的形式（卢瑞，2003）；流行文化这种物质文化称为"消费文化"（Brydon，1998）；流行文化是推动社会改革和社会现代化的因素，具有明显的文化性质（Dant，1999）。

中国的流行研究始于 20 世纪 70 年代对西方现代哲学、当代文艺理论以及大众传播理论等代表西方当代学术思潮的大量前沿理论著作进行译介。自 20 世纪 90 年代中后期以来，文化研究特别是流行文化研究在中国方兴未艾。当代中国文化研究（包括流行文化研究）虽然时间不长，但论题综合，理论前沿，成果丰富。国内现有流行研究的观点主要包括：从流行文化当前的扩张化趋势、价值属性和人权特征，以及流行文化现代价值学的内涵分析三个方面论述关于流行文化的价值学方面的意义（李欣复，2002）；流行是社会区分化和阶层化的重要杠杆、社会权力分配和再分配的强大象征性力量和指标（高宣扬，2006）；流行是在一定时期内对某一事物通过一定的文化群体的认同后而形成的社会心理认知和反映（唐英，2009）；流行是一个时期内社会上流传很广、盛行一时的大众心理现象和社会行为（费素斌，2009）；流行是时尚的规模化，时尚发挥着引导流行的作用，是流行的诱因，也是流行形成的前期准备（黄恒学，2010）；当个人的行为举止、生活方式通过群体性模仿而变成一时流动、扩散的社会现象时，流行由此形成（蒋芙蓉，2014）；服装的流行涵盖了多学科，其作为现代文明发展的产物，从多个角度展现了不同社会地位人的审美价值、审美效果、艺术价值理念等（张璟，2018）；流行文化是社会文化系统中一个相对晚出又个性鲜明的文化形态（孙瑞祥，2019）。

西方学者对流行的研究始于 18 世纪 90 年代，而中国在 20 世纪 90 年代才出现流行文化研究浪潮，且关于流行研究的著作不多，直至 2000 年才开始有所涉及。2006 年是我国"十一五"规划的开局之年。当时国家社会科学基金项目组首次在社会学中列出了关于"当代中国的流行文化"问题的研究。2020 年和 2021 年的国家社会科学基金艺术学项目课题指南直接将"大众流行文化消费研究"列为重点研究方向之一，可见其相关理论与实践研究的迫切性。

二、作为时代精神映射的时尚

（一）时代精神的内涵

时代精神（Zeitgeist）指某段时间或时代的主流观念与思维方式。每一个时期的时代精神能在特定的时间激发社会群体行为的主要支配理想和信念，是一种思维方式与美学范式。"Zeitgeist"是一个德语词语，"Zeit"指时间，"Geist"指精神。哲学家黑格尔在《精神现象学》中既使用了"世界精神"（Weltgeist）一词，又使用了"民族精神"（Volksgeist）一词，但对于时代精神这个词，他更常用的是"der Geist seiner Zeit"（时代的精神），而不是复合的"Zeitgeist"。结合黑格尔的精神哲学理论，以及当时特有的普遍精神实质，时代精神可被理解为在特定时代背景下的一种超脱个人的共同集体意识。

黑格尔认为，艺术、宗教、哲学属于精神哲学中的"绝对精神"，艺术本身就反映了它所创造的时代的文化。文化和艺术是不可分割的，因为艺术家也是其所属时代的产物。

时代精神是一个时代的人们在其创造性的实践中形成的、那个时代特有的集体意识；它反映那个时代的主题、本质特征和发展趋势，体现着一个时代的精神气质、精神风貌和社会时尚，引领人们的思想观念、价值取向、道德规范和行为方式等。服装流行是对一段时期内人们生活方式、兴趣爱好、价值观念与综合分析的积极引导，反映了一定的文化结构和具有一定审美倾向人群的消费意愿与消费行为需求，具有十分明显的时代人文特征。不同时代的流行具有不同的含义，它的形成具有深厚的社会、文化、政治、经济、环境和科技基础，是社会主流意识思潮的外在表现形式之一。

时代造就风格，每个时代背后总会孕育某个精神领袖或者时尚先锋来引领这个时代的潮流风尚。例如，谈及维多利亚风格时，自然不能不先谈论那个至今还让无数英国人追思的时代和敬仰的维多利亚女王。维多利亚时代，英国的政治、经济、文化发展达到巅峰。由于工业革命和海外扩张，来自殖民地的原材料和贵重金属源源不断地被新发明的蒸汽船运送到英国本土，通过机器加工之后再返回殖民地。低廉的原材料、高效率的机械化生产和广阔的海外市场，让英国积累起惊人的巨额财富。富有的贵族和中产阶级越来越有钱，曾经的穷人也变得富有，而后，英国人开始不约而同地想要提高生活质量，因此，大量资金被投入各种科学研究之中，也正是此时，英国人对于女性客体化的审美也达到了巅峰。由维多利亚女王引领的维多利亚时代女性的经典形象成为那个时代流行与审美的风向标。

时尚是整个时代精神风貌的反映与表现，是生活审美的载体，并物化于特定群体的生活方式中。作为一种复杂的社会现象，时尚体现了整个时代的精神风貌，其包括社会、政治、经济、文化、地域等多方面因素，与社会变革、经济兴衰、人类文化水平、消费心理等紧密联系。

值得一提的是，艺术作为一种通过借助手段或媒介来反映现实且高于现实的社会意识形态，对时尚的发展起到了积极促进作用（图1-1）。西方现代艺术在1900年前后形成了与以往西方艺术截然不同的艺术观念、思维和形式，艺术发生了翻天覆地的变化。艺术的写实性、唯美性、线性叙事的美学观点被完全颠覆，当代艺术展现出与过去艺术形式截然不同的非写实性和反唯美性，且这一形态业已成为当今艺术的主流形态与内容。20世纪50年代初，波普艺术从根本上动摇了传统艺术的根基，艺术从此一反常态，转向个性化、观念化、公众化和生活化。时尚作为设计前沿部分，与前沿艺术也有着紧密联系。无论是历史还是当下，都需要设计师从前沿科技成果、社会文化思潮敏锐地汲取设计灵感。

图1-1 西方艺术发展脉络与服装演变的对应关系

（二）20世纪以来的时尚演变

1. 维多利亚时代的时尚

维多利亚时代（Victorian era, 1837—1901年）的英国经历了第二次工业革命，出现了大批量机械加工的社会生产方式，商业贸易日益繁荣，经济发展水平达到世界之巅。经济的巨大发展也对应表现在时尚、艺术和建筑领域，进而引领整个西方政治、经济和文化繁荣发展。古典主义、新古典主义、浪漫主义、印象主义和现实主义交织在一起，使艺术领域呈现一派欣欣向荣的景象。各个领域的转变激发了人们对时尚的需求，因此涌现了一大批高级时装设计师。值得一提的是，在1900年举办的世界博览会（Exposition Universelle）上，以沃斯（Worth）、杜塞（Doucet）高级时装屋为代表的法国高级时装（haute couture）向全世界展示了他们绚丽多彩的高级定制时装作品，这标志着法国高级时装正式登上世界舞台。

在维多利亚时代，法国巴黎和英国伦敦是西方最主要的两个中心城市，其时尚产业正处于蓬勃发展的开始阶段。1846年，伊莱亚斯·豪（Elias Howe）发明的缝纫机为实现成衣的批量生产提供了技术支持，这种现代化进程导致劳动力状况发生了变化。通信技术和运输方式在这一时期也开始发展起来。新技术的出现改变了材料的运用，也改变了原本时尚只存在于贵族群体和有闲阶级的现象。新的纺织技术，包括动力织机和合成染料，促使现代化纺织技术快速发展。这一时期，百货公司通过邮件订购目录的方式，为城市和乡村地区的人们穿着机器制造的衣服提供了可能。人类由此进入机械时代，其社会生产力和生产方式的转变引发了社会思潮、礼仪习俗以及生活方式的变化，越来越多的新兴资产阶级有条件和机会接触到时尚。

时尚所体现的是某一时代或时期人们对日常生活形式的美化，在各方面都承载了当时人们的审美观念。法国文化史家丹尼尔·罗什（Daniel Roche）曾说，服饰文化首先是一种秩序，透过服装语言的嬗变，可以看出道德价值的转化。譬如，在19世纪初期，法国社会主流观念颂扬女性温柔贤惠的品质，赋予她们家庭内部的职责，将她们放置在依附于男性的社会角色上。这些观念反映在服装上，结果便是那些能够鲜明体现女性性别特征的元素更为盛行，暗示着女性处于需要取悦男性的、较低一等的社会地位。那些夸张累赘、令人行动不便的装饰同样显示出穿着者不事生产的闲暇生活状态。无论是色彩、款式还是材质，所有服装的要素都是为了凸显女性的外形特征，强调其性格中温柔、感性甚至娇弱的一面。因此，公共事务与家庭事务之间的区分导致两性在外观装束上"分道扬镳"。换言之，正是新的统治阶级的道德价值观及由其决定的性别角色地位导致了两性服饰从此时开始向着不同的方向发展。

整个维多利亚时代的时尚样式经历了多次颠覆性转变。女装款式变化多样：袖子忽长忽短，时宽时紧；领口有时高到抵着下巴，有时又低到袒露出双肩。尤其是在浪漫主义时期，女装流行膨大的袖子，用今日的审美眼光看，这种仿佛鼓满了空气的袖子非常不协调，但这宽大的袖子恰好通过与整体的反差对比，凸显出女性纤细的腰部曲线。纵观整个 19 世纪，西方女装呈现出戏剧性和过度奢华的整体特征，女性时尚也映射出当时资产阶级和有闲阶级追求时髦、奢侈的生活方式与审美趣味。综合看来，维多利亚时代的时尚呈现高度活力、华丽多样的特点。

2. 爱德华时代的时尚

爱德华时代（Edwardian era，1901—1915 年）的欧洲相对和平，随着资本主义及工业革命的发展，科技日新月异，欧洲的文化、艺术及生活方式等都在该时期日渐成熟。爱德华时代以极其奢侈和富裕而闻名，也被称为"美好年代"（beautiful age/Le Belle Époque）或"黄金时代"，这是一个充满奢侈品服装、香水、珠宝的美好时代。

爱德华时代的美国正处于大变革阶段，人口以移民涌入的形式快速增长。尤其是 1907 年，达到美国第三次移民热潮[①]的巅峰，欧洲和亚洲的移民纷纷涌入美国。得益于移民带来的充沛的劳动力，以及工业革命以来的先进生产技术推动的快速经济发展，美国的科学技术发展突飞猛进，新技术、新发明层出不穷。例如，美国福特汽车公司研发制造出一种低成本的汽车，满足大众需求；莱特兄弟第一次制造和试驾飞机，打开了航空航天旅行的市场。

在文化艺术领域，新艺术运动在这一时期达到巅峰，其涉及内容广泛，涵

---

① 1881—1920 年，美国经历了第三次移民热潮，移民人数猛增到 2350 万左右。

盖建筑、服装、家具、产品等多方面，对欧美各国产生了巨大影响。与此同时，文艺演出、杂耍、电影成为重要的休闲活动，玛丽·碧克馥（Mary Pickford）、蒂达·巴拉（Theda Bara）和查利·卓别林（Charlie Chaplin）成为电影明星，《威尼斯儿童赛车》《看得见风景的房间》《泰坦尼克号》等时尚电影展示了这个时代的风貌。另外，吸引大量观众的体育运动，包括棒球和赛马，成为上流社会生活的一部分。哈珀时尚杂志（*Harper's Bazaar*）开始在内容中展现体育报道和连环漫画。

这一时期的时尚审美强调丰胸细腰与 S 形廓形。以骨架制作的紧身胸衣施压于腹部，勾画出前直后翘的臀部曲线。长裙从腰部向下摆，呈现出丰满的臀部，裙摆像个小号似的自然张开并延伸至下，从侧面观察，宛若一个字母 "S"，故称其为 S 形廓形。与此同时，男性开始注重服装的功能性与合理性，其着装以矩形的廓形为主，不再使用过于繁复的装饰和腰围线。男装的风格变得简洁，他们以晨衣、条纹长裤和大礼帽作为正式服装，以花呢夹克和条纹西装作为休闲服装；裤子变短，成为短裤（knickers），以适应骑自行车等活动；战争年代引入军用防水短上衣，作为一种具有颜色特征的功能型服装，这类外套沿用至今。

高级时装设计师保罗·波烈（Paul Poiret）通过推出高腰身的希腊风格服装，解放了百年来被紧身胸衣束缚的女性，这也标志着女性的魅力将不再以强调腰身来体现。1910 年左右，波烈陆续推出土耳其蹒跚裙、灯笼裤等大量吸收中东传统服饰元素的作品，东方主义成为波烈标识性的设计风格。这一时期的波烈、杜塞、马里亚诺、沃斯均是高级时装界的明星。

1917 年，美国在第一次世界大战中成为军事和经济大国，许多美国妇女因需要填补空缺的工作岗位而纷纷上岗。但战争结束后，人民得到了解放，许多妇女离开岗位，又回归到家庭中。

战争期间，时尚业几乎没有什么利润，设计师们纷纷在战时关停了高级定制时装业务。国家致力于科学和工业的发展，一旦战争结束，这些发展便被运用于制造业。战后爆发的工业革命提升了制造业，也促进了工人阶级内部的变革，更多的机械被用于纺织和服装生产，并为成衣（ready-to-wear）的发展奠定了产业基础。在时尚文化方面，电影对时尚追随者产生了巨大影响。演员穿着的服装款式不仅影响观众，而且影响整个时代，大屏幕上的现代风格被公众模仿和复制。一战结束时，社会变革剧烈，政治权力的转移和文化态度的转变催生了新的时髦样式与流行现象。

虽然爱德华时代的时间跨度不长，但是它独特的建筑风格、时尚和生活方式对整个欧洲影响深远。在法国巴黎出现的高级定制时装的发展，变成每年一轮的循环。随着现代交通、通信手段日益发达，近代以来处于科技和军事优势地位的西欧文明向全世界蔓延，不同地区的服饰文化交融、碰撞，东风西进使得时装样式变得更加丰富。与此同时，女装也在这一时期开始逐渐向现代化转型，男装风格样式则更为简洁。综合来看，在西方社会，爱德华时代的时尚整体呈现思想开化、艺术交融的特点。

3. 20 世纪 20 年代的时尚

一战后，欧洲各国发生了翻天覆地的变革。社会劳动力大量缺失，女性纷纷走出家庭，开始从事社会生产劳动。原本专事家庭事务的女性作为劳动力补充到了社会各个部门，为了工作便利且符合身体机能，女装发生了巨大变革，进而完成了现代化进程。英、法等欧洲国家的经济实力遭受沉重打击，饱受战争痛苦的人们开始重新思考人生的意义，随即开始转向新的生活方式。

一次比 20 世纪初更为广泛的女权运动以美国为首被掀起，女性在政治上获得了与男性同等的参政权，在经济上具有与男性同等的独立工作权。这种男女同权的思想在 20 世纪 20 年代被不断强化和发展，女装上出现了否定女性特征的独特样式，女性在公共场合吸烟、饮酒和化妆等活动被社会所认可。

虽然战争过后各国经济处于低谷，但是幸存下来的人们像是忘记了残酷的战争带来的巨大创伤，狂热地追求和平的欢乐，过起了纸醉金迷的颓废生活，心中涌动着对传统社会体制和战后生活充满矛盾的反抗精神。社交界各种舞会盛行，交际舞在一战前就流行的探戈的基础上，加上了歇斯底里般的爵士舞和飞快旋转的查尔斯顿舞（Charleston）。因此，这个时代也被称为"疯狂的 20 年代"。《了不起的盖茨比》就是以此为背景创作的，该书重现了当时的生活场景，其中的着装也尽可能地还原了 20 世纪 20 年代"轻佻女子"（flappers）的形象。"轻佻女子"是抽烟、喝酒、跳查尔斯顿舞和狐步舞的年轻女孩的绰号。

妇女争取平等，开始拒绝遵循社会规范，拒绝社会中受限的角色和行为模式。美国宪法第十九条修正案赋予妇女投票权。新女性的形象是自由、不羁和享乐的，她们喜欢爵士音乐，以及新风格的舞蹈和服装。已经走出闺房的新女性冲破传统道德规范的禁锢，大胆追求新的生活方式。过去丰胸、束腰、夸大臀部等强调女性曲线美的传统审美观念已经无法适应时代潮流，人们走向另一个极端，即否定女性特征，向男性看齐。于是，女性的第二性征胸部被刻意压平；纤腰放松，腰线的位置下移到臀围线附近；丰满的臀部束紧，变得细瘦小巧；头发剪短，与男子头发长度相当；裙子越来越短，整个外形呈现为管子状（tubular style）。"轻佻女子"穿着没有定型的、通常有流苏和珠子装饰的无袖衬衫，以便自由行动。女性充满男孩子气的非常短的发型被称为"bob"和"shingle"。在短发流行的同时，钟形女帽（cloche hat）诞生，女性纷纷把短发藏在帽子里。妆容方面，明亮的胭脂和红色口红是首选，并以面膜粉和薄眉为主。几乎所有的珠绣晚礼服都要用雪纺面料，以及柔软的绸缎、天鹅绒和塔夫绸。饰品方面，多用耳环、长珍珠项链、手镯等。

这一时期，法国巴黎高级时装业前承沃斯、波烈，后启可可·香奈儿、简·帕图和维奥内等，迎来了高级时装的鼎盛期。20 世纪 20 年代末，繁荣的社会局面开始转变，因国际金融危机开始在全球蔓延而变得萧条。随着 1929 年股市暴跌，这个美丽奢华的时代突然被切断。在时尚预测中，重要的是明白所有激进的趋势终会逝去。综合来看，20 世纪 20 年代西方时尚呈现激进变奏、纸醉金迷的特点。

4. 20 世纪 30 年代的时尚

1929 年，股市大崩盘，宣告资本主义经济危机的到来，这使得高级时装业顾客数量锐减，许多时装店被迫停业。走上社会的女性又大量回归家庭，要求女人具有女人味的传统观念重新流行。有人对女装裙长与世界经济的关系做过研究，发现自 20 世纪以来，凡是经济成长期，裙子均有缩短倾向，而经济衰退期，女人味受到重视，裙子往往变长。20 世纪 30 年代初的经济危机给女装带来的变化亦是如此：女装裙子变长了，腰线回到自然位置，人们开始崇尚成熟的优雅女性美。马德琳·维奥内（Madeleine Vionnet）的斜裁细长紧身礼服所表现的女性魅力在当时受到追捧。

20 世纪 30 年代是一个全新时代的开始。经过了战初思想的纷乱时期与

20 年代泡沫式的经济增长，美国逐渐面临战后浮现出的经济问题。1931 年富兰克林·罗斯福（Franklin Roosevelt）竞选总统时，股市停盘，美国经济跌入谷底，低迷与不安充斥在经济领域的每个角落。大萧条期间（great depression，1929—1933 年），大众心态回归保守，日间女性时尚是穿着保守的套装，或上面有以回收布料制成的简单花卉或几何图案的淑女衣服。其廓形是纤细的，强调自然的腰。裙子的长度在晚上则变得很长。尼龙裤变得很受欢迎。服装的流行色有黑色、灰色、棕色、蓝色和绿色，这些色调反映了当时人们的忧郁心情。男性的衣服变得更窄，更贴近身体。男性日常穿着三件套服装，裤子为高腰裤，并穿戴爵士帽、大衣。大萧条结束后，世界开始面临另一灾难性事件——第二次世界大战爆发。二战开始于欧洲，最终蔓延到世界各地。这期间，男女角色和价值观都发生了改变，一种新的生活方式出现并最终映射于服装流行与时代审美。

相比于 20 世纪 20 年代，30 年代初的人们回归理性和生活常态，对自由的极端追求热度减弱。社会习俗开始回归传统，女性的裙摆随着经济危机的到来而回到原来的长度，人们对于性和社会改革的讨论逐渐失去兴趣。美国经济的转变深刻影响着美国社会及其民众的思考方式。人们在追求个人利益最大化的困境中认识到了社会公平与公益事业的重要性，社会底层与大众群体开始受到关注。美国社会底层的黑人爵士音乐家们在社会价值观日益成熟之时，迎来了音乐事业的曙光。综合来看，20 世纪 30 年代西方时尚呈现趋于保守、回归理性的整体特征。

5. 20 世纪 40 年代的时尚

二战开始后，女性时尚发生了显著变化。裙子的长度因物资短缺而缩短至小腿肚的位置；女性审美重新强调腰部和胸部线条，以及平正的肩部造型。由于织物供应和配给短缺，因此人造丝、醋酸布和棉成为主要面料。这场战争使美国设计师脱离对欧洲时尚的仰望，为美国时尚产业开辟了寻求自身风格的发展道路。当时的美国设计师克莱尔·麦卡德尔（Claire McCardell）考虑到面料紧缺，设计了分体式的衬衫、裙子和夹克，这类简单实用的运动服很快被大众接受。同时，有防水台的鞋子和功能性帽子也成为时尚服饰品。

在此期间，男装受到军事风格的影响，海员扣领短上衣和双排扣海员装应运而生。男性的运动服作为一种休闲的替代品，其外套和裤子采用不同的面料，而不是匹配的西装面料。受西部牛仔风格的启发，带项圈的马球针织衬衫、印着热带印花的夏威夷衬衫以及西方衬衫出现。二战期间，女性穿着工装、背带裤等裤装代替男性在工厂工作，这为女性在公开场合穿裤装打下基础。为防止头发卷到机器上，女性需要将头发往后梳，做成包子状并用网格固定，于是束发网（snood）第一次作为发饰出现。由于面料紧缺，内衣结构也趋于简单。晚礼服方面，复古的泳衣给设计师们带来灵感，甜心领（sweetheart neckline）和抽褶（shirring）等样式流行于礼服设计中。1940 年，法国大部分领土在战争中沦陷，因此法国一度终止了时尚发布会。由于战争切断了美国时尚与法国时尚之间的联系，美国的时装业被迫转型，转而寻求自身风格的发展路径。

1945 年，二战结束。战后军服式女装继续流行，但风格骤变：腰身变得纤细，上衣的下摆呈波浪式，宽肩和夸张的下摆更凸显细腰。战后的流行演变逐渐为 1947 年克里斯汀·迪奥（Christian Dior）"New Look"（新风貌）的推出埋下伏笔。经过十多年的消费限制和服装定量供应，战争结束后，英国与美国的设计师和制造商做好了大规模服装生产的准备。与此同时，高级成衣开始流行，它是介于高级时装和大批量廉价成衣之间的一种服装产业。高级成衣在一定程度上继承了高级时装的制作工艺，是以中产阶级为消费对象的小批量生产的高档成衣。

20 世纪 40 年代的时尚总体基调是相对暗沉的，二战的爆发使得服装风格整体趋于实用，因为物资紧缺，各种环保主义的理念在这一时期的欧洲出现。由于布料等物质的匮乏，大家开始自己制作服装，这也是拼接艺术与许多艺术形式的起点。

"铆工罗茜"[①] 的海报于二战期间广为流传。海报上她身穿深蓝色工装，秀发用头巾包裹，露出粗壮有力的手臂，柔美的女性特质被一扫而光。大批成年男性应召入伍，于是女性开始接替男性原本在工厂的工作，如制造子弹、武器装备等。为了方便工作，女性第一次名正言顺地换掉裙子、穿起裤子，像男性一样工作，为战争的胜利做出了巨大贡献。同时，这种穿着也进一步推动了男

① 铆工罗茜（Rosie the Riveter）指美国二战征兵时的海报女郎杰拉尔丁·多伊尔（Geraldine Doyle），是美国的一个文化偶像，代表了二战中参加工作的美国妇女形象。

女平等，为战后女权主义的兴起奠定了思想基础。"铆工罗茜"作为二战时极具代表性的女性形象，是对在工厂工作的女性的一种鼓舞。画有女性形象的 pin-up[①] 在 20 世纪初就已经出现在各种杂志、海报、明信片中，随着战争爆发，士兵们把杂志和海报上的女郎剪下来带到军营，甚至会把招贴画上的女郎画在飞机和坦克上，以陪伴士兵们经历无数次孤独的作战。这种飞机上的女郎又衍生了一种新的艺术形式——噪声艺术（noise art）。二战后，这种艺术形式也被许多设计师作为设计元素运用于服装，其中较为有名的就是日本的横须贺夹克。

二战期间，法国巴黎女性竭尽所能却又不动声色地想羞辱德国军官的妻子，其方法很简单——军官妻子穿什么她们就反其道而行之。英国女帽设计师斯蒂芬·琼斯（Stephen Jones）解释说："女孩们开始在街头巷尾向那些衣冠楚楚的德国女人发出她们的反抗信号，她们把茶巾和抹布缠绕成越来越高的包头巾，一心希望做出最极端、最粗鄙的样式，这是用帽子来表达她们的反抗。"综合来看，20 世纪 40 年代西方时尚呈现女性主义氛围高涨但整体氛围沉闷极简的特点。

6. 20 世纪 50 年代的时尚

二战结束后，全球呈现比以往任何时候更加乐于交流互动的时代特征，多元化成为政治、经济、文化发展的共同特点。同时，在战争中遭到破坏的经济社会结构重建的问题亟待解决。在英国，温斯顿·丘吉尔（Winston Churchill）再次当选首相，伊丽莎白二世女王即位。但法国巴黎作为唯一世界时尚中心的时代已然远去，西方迎来了一个多元交融、互动联系的时代。

美国在二战后签署协定，成立北大西洋公约组织（北约），北美和欧洲的共同防御条约形成。美国和苏联这两个二战胜利者争相成为世界领先的超级大国。美国经济和出生率在 20 世纪 50 年代呈现明显增长。随着越来越多的美国家庭搬到郊区，新的家庭构成形式出现了。男性在工作场所、女性在家庭中的传统角色再次恢复。这个时期服装也从军服式女装审美转向彰显女性特征的廓形，整体风格趋于浪漫与女性化。由于额外的休闲时间和收入的增加，家庭生活变

---

① pin-up（pin-up girls），译为手绘的美女招贴画，其主要素材来源于历史上或时下比较有名的一些名媛美女，如奥黛丽·赫本、玛丽莲·梦露等。这些美女招贴画常作为宣传画、电影海报、工业草图、装饰等被人钉在墙上，由此得名。于是"pin-up"这个词有了"迷人的""有魅力的"这样的词义。

得愈发丰富，信用卡开始普及全国。电视机取代了收音机，成为家庭娱乐的主要形式。

这一时期，美国摇滚音乐开始流行，出现了埃尔维斯·普雷斯利（Elvis Presley）和巴迪·霍利（Buddy Holly）等摇滚偶像。美国音乐台的节目热播，杰克逊·波洛克（Jackson Pollrock）和威廉·德·库宁（Willem de Kooning）的抽象表现主义作品获得了市场认可。电影明星詹姆斯·迪恩（James Dean）成了叛逆青年的文化偶像。这十年间，流行文化发生了巨大变化。二战后出生的一代被称为"婴儿潮"（baby boom）一代。更多的人可以接受高等教育，支持民权增长和平等的抗议增加，年轻人开始质疑父母保守的价值观，和年长者开始发生冲突，这加剧了之后十年代沟深化的势头。显而易见的是，同一时期的两代人着装方式与人生态度截然不同。

20世纪40—50年代，两次世界大战使得现代艺术思潮盛行，再赶上西方和东方艺术的碰撞，男女着装发生了很大变化。在社会变化大背景之中，一大批设计师在努力之下，创造了50年代西方高级时装的辉煌，使其成为永远的经典，并载入时装的史册，也使高级时装业的发展达到了划时代的高峰。1947年，迪奥推出的"New Look"系列震惊了世界，被认为抚平了战后人们受伤的心灵。该系列展现了19世纪上层妇女的优雅与高贵，但运用了新的设计手法重新演绎，表现出的女性化与战争时期的男性化形成强烈对比。袖子长度通常到小臂中央，即所谓3/4袖，里面衬以长手套。圆润平滑的自然肩线，用乳罩整理的高挺的丰胸，连接着束细的纤腰，用裙撑支撑的宽摆大长裙长过小腿肚，离地20cm，搭配细跟高跟鞋，整个外形显得十分优雅且女人味十足。裙子有两种，一种是包臀式裙，另一种则是稍宽松的百褶喇叭裙。百褶喇叭裙很费料，因此最初很难在面临饥荒的欧洲推广，在富裕的美国却率先流行起来。尽管如此，"New Look"确确实实为战后的欧洲服装拂去了压抑、灰暗，将快乐和美重新带了回来，因此它成为时装时尚的经典样式。"swing skirt"（大伞裙）是50年代最具代表性的女性服装，多以绸缎等面料来集中体现华美雍容的女性形象。有大朵花卉、条纹或者圆点的连衣裙是50年代造型的重头戏，这也启迪了此后十年的波普化着装。对于女性来说，50年代毫无疑问是物质的年代。各种音乐、娱乐、好莱坞文化伴随着新科技的发展进入大众生活，便利的交通、派对的生活方式也使穿着优雅奢华的时装（或者仿效高级时装）成为可能。

综合来看，20世纪50年代西方时尚呈现精致优雅、奢华浪漫的特点，其共性可以用制式、套装、消费主义来形容。这是一个纸醉金迷、优雅奢华的闪耀年代，且具有女性主义的特质。

7. 20世纪60年代的时尚

20世纪60年代，西方已逐渐从二战的阴霾中走了出来，许多欧美国家的青少年形成了自己的价值观，开始奉行与其父辈截然不同的普世观念。叛逆的思想不仅存在于青少年之中，而且存在于整个西方社会的经济、政治、文化之中。新的价值观和态度引领社会思潮发生转变，反对战争、探索太空、争取妇女权利构成了这十年最主要的时代话题。

人们对于战争的反对，也体现出和平是时代趋势。经济开始慢慢复苏和增长。迫于快节奏的现代化消费生活，几乎每个家庭的父母都参加工作，孩子们虽然在物质上并不匮乏，但缺乏家庭温暖，在情感上饱受挫折，于是他们开始反叛，兴起了避世派的嬉皮士运动（hippie movement）。年轻化的风暴所带来的世界观、价值观的转变，使得20世纪60年代的西方社会变得浮躁。

在社会和文化方面，20世纪60年代的动荡也在一定程度上推动了艺术和音乐的独创性。甲壳虫乐队（the Beatles）、海滩男孩（the Beach Boys）、詹尼斯·乔普林（Janis Joplin）的音乐开始流行起来。摇滚音乐的"信徒"们也被称为嬉皮士（hippies）一代，他们违背社会规范，与父母的传统生活方式和人生态度背道而驰。由于社会转变剧烈，年轻消费层的崛起，以否定传统为特色的反体制思潮的蔓延和发展，以及新的价值观的形成，彻底改变了20世纪中叶时装流行的方向。东方和西方服饰文化在这时又一次相互撞击、融合，高级时装一统天下的时代宣告结束，一个更加民主化、大众化、多样化、国际化的时代到来了。

在20世纪60年代美国爆发的几大轰轰烈烈的运动中，女权主义运动最具有代表性，这一阶段的女权运动与民权运动、青年反叛等著名的活动紧密联系在一起，直到现在依然深刻地影响着美国社会。二战后美国的实力空前提高，在经济、政治、文化各方面均成为世界霸主。但是，在生产力极度发达的同时，经济发展变得疲软，进入滞涨阶段，人民的生活水平也有所下降，而且国内贫富差距拉大。在这一时期的年轻人眼中，以往优雅、端庄的着装风格是落伍的。中性化、直筒短小的样式成为青年群体追求的主流着装方式，崇尚个性化和身体解放的服装样式在年轻一代中逐渐流行起来。原来的时髦品牌（如香奈儿、巴黎世家）的服装样式不再受到绝大多数年轻人的追捧。综合来看，20世纪60年代西方时尚呈现叛逆反制、年轻自由的特点。

8. 20世纪70年代的时尚

20世纪70年代的社会动荡是由60年代的反制和不安导致的。在这一时期，妇女和少数群体（minority）仍在不断争取平等权利，经济状况和持续的通货膨胀增加了时代的混乱感，人们试图逃避现实、寻找自我。这一时期被称为"自我的十年"，因为大多数人的主要关注点从60年代的社会和政治正义的问题转向自我，专注于个人幸福。当美国人转向自我审视时，他们通过转变自己的精神状态，借助书籍阅读或运动，寻求精神安慰。

1973—1975年，美国又一次面临经济衰退。这一时期人口老龄化加剧，改变了社会结构。"婴儿潮"的那一代人离开大学，建立了他们自己的家庭。女性在商业、政治、教育、科学、法律甚至家庭中获得成功，其自主意识也由此被唤醒，这一阶段的人们对婚姻关系产生了新的态度和价值取向，离婚率开始上升。

20世纪70年代末，越南战争结束，美国的社会习俗也在不断变化。关于时尚自上而下传导的普遍规则不再适用，不断衍生出不同风格的消费群体扩大了消费取向，国际时尚体系因此发生了重大变化。日新月异的尖端技术和全球制造业的发展也为此时的时尚产业提供了一个新的未来。

嬉皮士运动贯穿于整个20世纪70年代，对美国社会尤其是对青年群体造成了极大影响。嬉皮士文化和主流文化有着千丝万缕的联系，这些联系决定了两者之间不可避免地产生斗争。然而由于嬉皮士文化自身的缺陷和主流文化的包容性吸纳，嬉皮士文化被逐渐淘汰，最终不得不归顺于主流化的道路。虽然从表现形式看，嬉皮士运动与政治生活紧密相关，但它不是通过积极的社会宣传来参与社会改造和改良，而是以遁世的方式对社会做出的一种消极反抗。然而，嬉皮士们自己认为，西方社会正处于新旧文化的交接点上，他们正在积极地创造一种新的生活方式，开创新的事业。

人们之所以产生新的社会意识，追本溯源是因为对现存事物存在怀疑或不满。从一定程度上来说，这一新意识从自我开始，强调个人对自己负责，是一种个人主义。嬉皮士们不入流的生活体现的是个人的本能感受，奇装异服表现的是个性和民主，其最本质的东西是人对自我的重新发现，其最重要的作用是创造一个全新的、满足人的需要的社会。这一时期，作为街头风格的嬉皮士风格决定了什么样的流行样式是时尚，并被人们所接受。到了 70 年代末，随着经济危机渐渐消散，人们仿佛看到生活的希望刚刚到达崭新的起点，对未来充满期待和信心。综合来看，整个 70 年代的时尚观念被嬉皮士文化所主导，20 世纪 70 年代西方时尚呈现追求自我、改制创新的特点。

9. 20 世纪 80 年代的时尚

20 世纪 80 年代是一个以后现代主义运动为开端的理想化时代，始终贯穿着"无所谓"的行为态度，口号是"越强越好"。由于 70 年代经济衰退，人们对财富的渴望和对消费的欲望日益增长，而 80 年代的社会则由"婴儿潮"那一代和"雅皮士"（yuppies）① 所构成。80 年代的雅皮士与 70 年代的嬉皮士相对应。雅皮士思想前卫，容易接受新事物，事业上十分成功，恃才傲物，追求奢侈豪华的生活。与嬉皮士不同，雅皮士没有颓废情绪，不关心政治与社会问题，只关心赚钱。嬉皮士意为"都市中失意的年轻人"，而雅皮士则是年轻能干、有上进心的专业人士。

事实上，20 世纪 80 年代初期的美国，贸易赤字一直没有得到改善，1982 年经济衰退达到最低谷。1980 年，罗纳德·里根（Ronald Reagan）当选为新一任美国总统。他执政期间（1981—1989 年），其政治经济决策使美国逐渐走进了一个经济高速发展的成熟期。这一时期，人们因渴望财富而努力工作赚钱，并进行炫耀式消费。

20 世纪 80 年代末，国际政治局势发生了一定的变化，在美苏竞争的影响下，东欧各国的政治经济制度发生了根本性改变，即"东欧剧变"。欧洲各国都在进行社会改革，包括英国的"撒切尔革命"。英国社会政治、经济面貌大有改观，不仅实现了低通胀率、低失业率，而且其经济增长的势头在欧盟国家中也

① 雅皮士指年轻的都市专业人士（young urban professionals），"yuppies"是美国人根据嬉皮士（hippies）仿造的一个词语，一般指都市里较追求时尚生活的"唯美"男士。

居于前列。这一时期，女性的社会地位得到了巨大提升，进入职场的"权力女性"定义妇女能做的一切：平衡工作与家庭生活。"职业生涯"这一原本只存在于男性之中的词语逐渐适用在了女性身上，做着与男性相同工作的女性也开始建立起自己的职业生涯规划。

80年代可以被定性为文化转移和经济波动的一个时期，巨大的财富产出巩固了美国在工业化市场的主导地位，同时也引起社会性别角色和承担责任的转变。这些因素的叠加导致这一时期的时尚也产生了巨大变化，成衣市场不断发展壮大，同时美国中产阶级也开始扩大。在十年的炫耀性消费后，社会趋于清醒，开始走向克制和节俭。在巨大的经济压力下，人们试图释放压抑的情绪，越来越多的人愿意花更多时间"宅"在家里看电视娱乐节目。受到流行娱乐节目的影响，人们改变了自己的穿着方式，象征着财富和权力的材料也被经常使用。不管是钻石珠宝、珍珠和镀金，还是鲜艳的色彩和形状，都展现出20世纪80年代经济回温。

经济繁荣和"越强越好"的态度贯穿整个20世纪80年代，奢侈品成为身份的象征，可支配收入的增加和信用卡的出现大大增强了人们的购买力。街头时尚兴起，各种风格样式并存，女性意识提升，复古思潮回归……自然构成了多样化的20世纪80年代。综合来看，20世纪80年代西方时尚呈现街头思潮、新旧交融的特点。

10. 20世纪90年代的时尚

继20世纪80年代的过度消费和夸张购物后，20世纪90年代的人们开始保持清醒的态度。计算机、手机和互联网的发展进一步使得全球化进程和现代文明发生革命性变化，尤其是互联网赋予了人们新的信息获取手段，大大加快了人们了解最新趋势的速度。

苏联解体和冷战结束，标志着全球化时代的到来。美国成为当时唯一的超级大国，世界格局也朝着多极化方向发展。全球各国的经济发生巨大变化，制造业和贸易持续扩大。尽管20世纪90年代西方各国都采取了一些经济政策，建立了一定的社会福利机制，但欧美经济一直处于不景气的状态。能源危机进一步增强了人们的环境意识，"重新认识自我""保护人类的生存环境""资源的回收和再利用"成为人们这一时期的共识。

种种商业成功的案例和对人生态度的转变重新定义了年轻一代。反对炫耀性消费、保护环境、追求自我，以及对世界的关注成为人们所重视的要点，似乎每个人都是时代的主角。随着计算机文化的普及，特别是互联网和电子邮件的日益发展，人们改变了工作、购物和娱乐的方式。越来越多的职业兴起，社会朝着多极化方向发展。传统"朝九晚五"在办公室工作的人们也会安排灵活的时间表，在家分担工作。1995 年成立的亚马逊公司，开启了电子商务的时代，仅仅用了不到十年的时间便将起初的"地球上最大的书店"发展为最大的综合网络零售商。

在欧洲，一些老牌的高级时装屋积极引进了英国和美国的设计人才，进而推动了时装产业振兴，比如迪奥（Dior）的约翰·加里阿诺（John Galliano）、纪梵希（Givenchy）的亚历山大·麦昆（Alexander McQueen）、古驰（Gucci）的汤姆·福特（Tom Ford）。除了新兴的设计人才外，各大公司创建的设计子公司和并购新品牌也成为人们新关注的焦点，与此同时，二线服装品牌公司获得了化妆品许可证，建立了附属合同，跨界合作的商业模式也在这一时期开始发扬。

在 20 世纪的最后十年里，多元化与个人主义改变了社会看待和回应时尚的方式。政治、经济和科技的全球化使得时尚业进入了一个比以往任何时候都更大的市场，这个行业需要适应更大的全球需求。从 20 世纪 70 年代开始，时尚不再是单一的、自上而下的传导模式，高级定制和奢侈品的主导地位逐渐弱化。90 年代，整个西方社会分工、分类的加速细化，又使人们的观念出现剧烈动荡，服装风格包罗万象、飞速扩展，仿佛一支万花筒，折射出多变的世象。高科技主题出现在 90 年代中期，信息时代的特征时尚演绎出光怪陆离的金属感，民族风情被不断回顾。综合来看，20 世纪 90 年代西方时尚呈现包罗万象的特征。

三、时尚的层次

时尚是时代精神的符号化表现和集体审美趣味选择的结果。可以尝试将时尚的层次分为内在核心层、外围表现层和延伸扩展层，并建立一个圈层模型（图 1-2）。

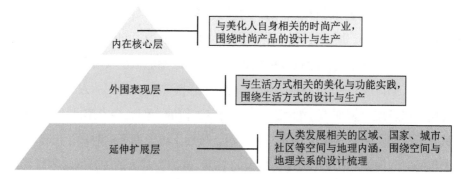

图 1-2　时尚的圈层模型

（一）内在核心层

内在核心层以消费者为中心，是指与美化人自身相关的时尚产业，如服装服饰品、美容美发、礼仪设计等时尚产品的设计与生产。时尚产品与时尚风潮密切相关，时尚风潮往往以这些时尚产品为载体、为起始，并依靠这些产品得以物化而成为被追崇与模仿的具体目标。尤其是服饰品这一永恒的时尚主题，有时它能成为一种时尚生活方式或者时尚思想文化的标志。

（二）外围表现层

外围表现层是指与人的饮食、起居、工作、学习、娱乐等生活方式相关的美化与功能实践，也可以把它概括为一种流行的生活方式或精神态度。每一种生活方式背后展示的是不同的生活理念，因此时尚不仅以具体的时尚产品为导向，而且表达了具象背后所蕴含的理念。譬如，近年来流行的"极简风"，看似指向设计简约、反对华丽的具体产品，实则指向极简的生活方式。

（三）延伸扩展层

延伸扩展层是指与人类生存发展相关的城市、社区、街道、工场及其建筑设计等，具体看来甚至包括了交通标识设计、建筑设计、校园文化设计等。这个层次是内在核心层与外围表现层的延伸，当时尚产品与生活方式上升至社会思潮领域，就进入了时尚的最大范畴。譬如，在1840年以后，西方的物质、生活方式、思想理念与社会风潮全方位涌入中国，冲击了中国原来的本土文化，并使其退居弱势文化。而今，伴随中国对时尚文化的不断探索，国潮兴起，加之科技、艺术力量助推，中国设计再次引发全球关注。

四、时尚文化、体系与产业的逻辑事理

（一）时尚文化研究

纵观国内外已有的研究，关于时尚文化的概念尚无定论。国外学者关于时尚文化的相关研究主要包括以下方面：时尚文化内涵的发展来自奢侈之风的盛行，时尚文化的形成与传播不仅改变了整个欧洲的社会产业结构，而且给欧洲人的精神状态造成一定的影响（桑巴特，2005）。时尚文化的产生源于人们的心理，人类之所以渴望时尚文化，从根本上讲是因为人类通过对时尚的追求可以发泄生活中不如意的情绪并且弥补未达成的愿望。这为从心理学视角研究时尚文化奠定了基础（塔尔德，2008）。时尚与文化一样，既是一种社会过程，也是一种物质实践，为此有学者提出了一个全新的时尚研究范式——风格—时尚—装扮，通过研究这三者之间的交叉互动关系，可研究时尚主体的构成，即时尚文化如何作用于时尚主体、塑造主体身份（Kaiser，2012）。

国内学者在时尚文化方面的研究主要分为两个方面。一是关于时尚文化与城市文化关系的研究。成都作为一座有 4500 年城市文明的历史文化名城，其时尚文化在建设世界文化名城中的作用至关重要，弥合成都时尚文化内核韵味是建设成都国际时尚之城的必由之路（蔡尚伟等，2018）。二是关于时尚文化对于时尚产业支撑作用的研究。夯实中国文化主体性以建构中国时尚文化传播体系（肖文陵，2016）；中国时尚产业发展一直面临的瓶颈问题是缺失对文化内涵的挖掘，这不仅导致中国时尚产业在国际同行竞争中的劣势，而且使中国丧失了在国际时尚产业界的话语权（李采姣，2018）；中国时尚产业尚缺乏国际化视野与战略，尤其其现代时尚文化理念尚未形成，需要重视建构新时代的中国时尚文化理念，加快融入符合新潮流的时尚产品之中，这也是国家提升文化软实力的需要（李加林等，2019）。

我们通过查阅国内外关于时尚文化相关文献发现，国外时尚文化研究主要聚

焦于时尚文化内涵，从学理层面肯定了时尚文化对西方社会奢侈风潮的影响，同时从心理学角度分析时尚文化既是物质实践，也是追求精神活动的实践。国内时尚文化研究则主要关注时尚文化对城市文化的影响，以及对中国时尚文化内核方面的探讨。众多国内学者多次提及要重视建构新时代中国特色时尚文化理念，但鲜有关于时尚文化驱动时尚产业发展路径的研究，这也是本书研究的价值所在。

综合国内外时尚文化研究，我们认为：时尚文化是指反映一定政治、经济形态的价值符号，与政治、经济互为交融，包括外显或内隐两种形式，具有崭新、前沿、活跃性特征；时尚文化是时尚产业高质量发展的内在驱动力，也是城市文化建设的核心力量。

（二）时尚体系研究

时尚关联着无穷的事物，诸如人、空间、时间和事件等。国外学者对于时尚体系的研究起步较早且研究成果较为丰富，他们普遍认为时尚是以规则而系统的内在变化逻辑为特征的一种衣着系统。这一系统由制度、组织、群体、事件和实践组成，包括一些由设计师、制造商、经销商、公关公司、媒体和广告代理组成的网络次系统，其任务就是包办时尚产品的生产和传播，并重建时尚的形象，这一系统又被称为"时尚体系"。国外学者研究时尚体系时一般从特殊的生产关系着手，认为时尚体系为时尚产业提供了制度化的章程与有效的传播机制。同时，时尚体系的形成加剧了时尚行业间的竞争，催化了时尚品牌的出现。

罗兰·巴特（Roland Barthes）的《时尚体系》是从符号学角度研究时尚体系的重要著作。巴特对时尚杂志的文字内容进行了分类，但忽略了诸如产业、商业等一系列重要方面，且忽略了时尚系统在日常衣着实践中的具体展开。从时尚社会学角度出发，时尚场域是皮埃尔·布迪厄（Pierre Bourdieu）提出的场域理论中一个重要案例。布迪厄关于时尚场域的核心概念由资本（capital）、特质（distinction）、地位（position）、斗争（struggle）四个部分组成。其中，资本概念用以描述个人或机构所拥有的不同斗争资源，并将其分为"经济资本""文化资本""社会资本"三种资本形式等值并且原则上可以相互转化。

日本学者川村由仁夜（Kawamura, 2005）提出，时装系统把服装用带有象征性价值的时装加以表现，时尚则可以被视为由各种机构组成的系统。这些机构在法国巴黎、英国纽约等重要城市定义各自的时尚形象，延续各自的时尚文化。时尚作为一种系统，首次出现是在 1868 年的法国巴黎，当时的高级定制服装系统由设计者、制造商、批发商、公关人员、记者和广告公司等子系统组成。时尚产业不仅生产合体舒适的服装，而且更关注满足时尚形象的新兴设计风格和创新思维。除此之外，川村由仁夜（Kawamura，2007）认为：服装是物质的生产，时尚是象征性的生产；服装是有形的，时尚是无形的；服装是必需品，时尚是一种过度消费；服装具有实用功能，时尚具有地位功能；服装普遍存在于社会文化之中，但是只有在传播文化与构建制度时才产生时尚。

现代意义的时尚在标准化大批量机器生产的轰鸣声中应运而生。国内对时尚体系的研究起步较晚且文献较少："国际流行体系"被视为上层阶级和下层阶级，要综合运用上游和民族传统文化资源建立中国时尚产业的创新体系（肖文陵，2010）；通过对布迪厄场域理论①的研究与延伸，聚焦经济资本、社会资本、文化资本和象征资本的不同力量关系及变化，说明时尚场域的力量关系和生产逻辑（姜图图，2012）；现实真正意义上的时尚多元化，从粉碎国际时尚体系开始（王柯，2020）。国内关于时尚体系的研究，大多与"服装体系""流行体系"交叉混淆。但也有部分国内学者通过借鉴国外关于时尚体系相关理论，结合我国国情，提出了要综合运用上游和民族传统文化资源建立中国时尚产业的创新体系。

（三）时尚产业研究

20世纪末，国外学者针对时尚产业展开了研究，主要从概念和视角展开讨论。在概念方面，罗斯（2012）认为，时尚就是某一人类群体中某一现象的周而复始的异常变化。这正式揭开了时尚产业的神秘面纱。在视角方面，英国专家伊莲娜·卡波娅和莎拉·玛克捏在 2012 年通过访谈等形式阐述，通过对时尚产业专业人士进行创造力开发训练可以促进时尚产业发展，其中创造力开发训练

---

① 对于场域（field）这一概念，布迪厄这样说过："我将一个场域定义为位置间客观关系的一个网络或一个结构，这些位置是经过客观限定的。"布迪厄的场域概念不能理解为被一定边界物包围的领地，也不等同于一般的领域，而是在其中有内含力量的、有生气的、有潜力的存在。布迪厄研究了许多场域，包括美学场域、文化场域等，每个场域都以一个市场为纽带，将场域中象征性商品的生产者和消费者联结起来。例如，艺术这个场域包括画家、艺术品购买商、批评家、博物馆的管理者等。于是，时尚场域包括了设计师、制造商、中间商、零售商、消费者、时尚卖场管理者等。

包括培养创造性思维、积累经验、创造具有挑战性的环境等。

国内时尚产业研究则聚焦在性质和发展路径方面的探讨。一是在时尚产业性质方面,《中国时尚产业蓝皮书》(中欧国际工商学院时尚产业研究中心,2008)对时尚产业进行了详细的全方位分析和趋势研判;颜莉等(2011)认为,时尚产业不是劳动或者技术密集型产业,而是进行符号消费的符号密集型产业,是社会发展到某个阶段的产物。二是在时尚产业发展路径方面,刘长奎等(2012)归纳了时尚产业的常见发展模式,即政府主导、制造时尚、消费时尚和市场导向,提出了我国当前时尚产业的发展遵循消费时尚的发展模式;关冠军等(2016)以北京时尚控股公司为例分析北京时尚产业的发展,提出了通过共建北京时尚产业生态圈,充分发挥北京服装纺织行业协会的作用;刘娟等(2018)提出,时尚产业的发展要加强政府和时尚协会的引导力量,提高媒体对时尚的传播力度,尤其要注重时尚教育,优化产业结构,完善法律制度,并形成独具特色的文化氛围。

综合来看,国外时尚产业研究虽然起步较早,但研究的范围较窄,主要关注概念和视角研究,这对于起步较早的国外时尚产业来说,显然远远不够。相反,国内时尚产业研究虽然起步较晚,但研究内容相对丰富,无论是在国家层面、行业协会层面,还是在时尚产业自身层面,都做了全面分析,并且落实到具体实施措施,为时尚产业研究提供了丰富的维度。但国内时尚产业研究在深度方面存在一定不足,尤其是时尚产业需要独具特色的时尚文化氛围,但国内尚未有以时尚文化为驱动力的时尚产业发展路径研究。

至此,我们认为,时尚产业是以时尚为关联点的产业集合,正如英国时尚产业是创意产业与金融服务业双引擎下综合作用进而催生的产物,它集合了先进制造业、现代服务业与人文艺术思潮,同时借势前沿设计、大众传播与商业运营,是时代精神的映射,并由主流时尚群体集体审美趣味驱动。

(四)时尚场域研究

布迪厄的场域理论范式。布迪厄发表了一篇论文 "Le Couturier et sa griffe, contribution a une theorie de la magiec"(《设计师及其标签:一个关于"魔法"的理论》)(Bourdieu,1975),论述了时尚魔力来源于时装设计作为象征层面的文化"密码生产"。

在新媒体时代，时尚场域又被赋予了新的特殊意义。Rocamora（2002）通过对布迪厄文化社会学的研究，借鉴其思想观念体系（资本、区别、地位和斗争）讨论了时尚场域的定义，引用布迪厄文化的"象征性生产"（symbolic production）概念来论述它与时尚场域的关系，认为大众流行的时尚消费是一种对品位的需求。Rocamora 没有明确给出时尚场域的定义，而是主要讨论了时尚场域中不同地位的高级时装设计师对时尚资本的争夺。时尚资本被赋予了特定的权威性，其兼具象征性意义和经济性意义。川村由仁夜（Kawamura，2005）基于布迪厄场域理论，将"时尚设计"视为象征文化的合法性生产，以"时尚系统"来指这种文化现象生产的结构化的社会制度。虽然其没有使用"场域"概念，但是其理论框架均来源于布迪厄的场域理论。姜图图（2012）基于布迪厄关于艺术生产场域的分析，提出了时尚生产场域和时尚设计场域的概念。她认为，时尚生产场域由艺术生产场域演化而来，时尚设计场域是争夺审美合法性的结果，时尚设计被纳入当代文化生产的范畴中加以考察，成为"时尚场域"的重要实践方式，并强调了艺术、设计和文化生产之间界限的模糊性。史亚娟（2019）将时尚政治场域的构成理解为时尚资本、经济资本和权力资本等几种形式。她认为，政治精英、时尚从业者、时尚消费者在支持或反对某种政治立场或政治理念的斗争中实现了时尚资本的转化，这种资本的转化同时也体现为各方力量关系的变化，并成为该场域中时尚再生产的驱动力。孙钰雯（2020）认为，时尚场域是按照时尚的要求，由社会个体共同建设的，是个体参与时尚活动的主要场所。她指出，时尚场域因其生产消费的特性，与艺术及文化场域生产是有区别的，由于当下时尚的大众化及生活化趋势不断提高，时尚场域的范围也越来越广，拓展到富含时尚性的各种业态及周边产品。

目前，国外时尚场域理论成果主要集中在布迪厄对于法国高级时装屋的研究，并没有明确指出针对时尚场域的概念；国内关于时尚场域的理论研究较少，主要聚焦于时尚资本的构成研究，从生产和消费的角度探讨时尚场域的特性。当代学者在当下新媒介融合的背景下探讨时尚场域相关理论，更侧重于从媒介角度进行分析，但研究框架仍置于场域、资本、惯习理论下。此外，基于布迪厄场域理论研究各个"次场域"，其本质都是一种客观关系网络，均可用母公式来表现。

（五）逻辑事理关系

"文化经济"在社会科学中已经成为越来越普遍的学术理论和实证研究的一项内容，是一种在经济发展中嵌入文化的方式。文化经济以文化作为媒介、符号和话语，而后被物化，助推时尚产业高质量发展。时尚产业需要与之配伍的时尚体系与时尚文化，以配备体制与文化保障，而时尚文化、时尚体系、时尚产业之间存在内在的逻辑事理关系，可总结为以下三点。

①时尚文化是时尚产业高质量发展的内在驱动力，是增强时尚产业竞争力的关键。时尚文化理念的形成急需产、学、政、商界共同介入，并需与之配伍的时尚体系。时尚文化代表人们的消费需求，存在着区域文化精神的倾向。

②时尚体系是由一些社会变化和社会标志形象作用而生成的着装体系。时尚体系产生于生产与消费的二元关系中，这种人们普遍认识的时尚系统包含了从时尚制造到时尚消费的所有环节。时尚体系为时尚产业提供了制度化的章程与有效的传播机制。

③时尚产业是以时尚为关联点的产业集合，主要由服装产业和城市文化产业两大部分构成。时尚工作者和政府、协会等是连接这两大部分的纽带，共同推进时尚产业发展。时尚产业集合了高附加值的先进制造业和现代服务产业，不仅提供体现流行审美和消费偏好的、有形的消费产品，还提供无形的消费服务。

西方时尚在各个发展时期形成了特有的区域时尚文化以及与之配伍的时尚体系，时尚文化与时尚体系共同推动区域时尚产业发展，为国家政治、经济、文化发展做出贡献。纵观西方时尚发展历程，法、美、意、英等西方时尚区域文化特色鲜明，涵盖以"宫廷文化与高级定制"为特征的法国巴黎时尚文化、以"流行文化与大众市场"为特征的美国纽约时尚文化、以"文艺复兴与高级成衣"为特征的意大利米兰时尚文化，以及以"贵族文化与创意产业"为特征的英国伦敦时尚文化。对标西方时尚历史样本，不难发现：以时尚文化为支撑，以时尚体系为保障，能够高质量推动区域时尚产业发展。汲取西方时尚经验，借鉴文化经济学相关理论，探讨时尚文化、时尚体系、时尚产业之间的逻辑事理关系，有助于推动中国时尚产业高质量发展（图1-3）。

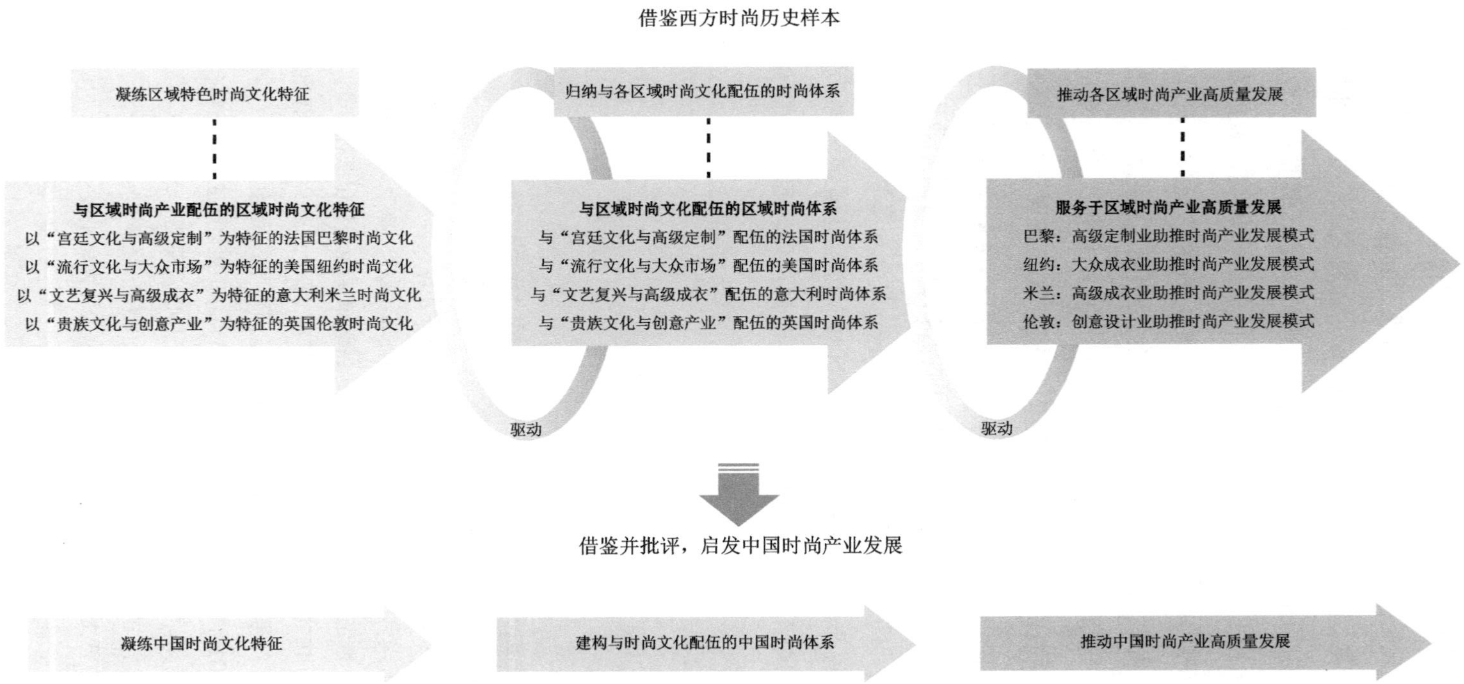

借鉴西方时尚历史样本

凝练区域特色时尚文化特征

与区域时尚产业配伍的区域时尚文化特征
以"宫廷文化与高级定制"为特征的法国巴黎时尚文化
以"流行文化与大众市场"为特征的美国纽约时尚文化
以"文艺复兴与高级成衣"为特征的意大利米兰时尚文化
以"贵族文化与创意产业"为特征的英国伦敦时尚文化

驱动

归纳与各区域时尚文化配伍的时尚体系

与区域时尚文化配伍的区域时尚体系
与"宫廷文化与高级定制"配伍的法国时尚体系
与"流行文化与大众市场"配伍的美国时尚体系
与"文艺复兴与高级成衣"配伍的意大利时尚体系
与"贵族文化与创意产业"配伍的英国时尚体系

驱动

推动各区域时尚产业高质量发展

服务于区域时尚产业高质量发展
巴黎：高级定制业助推时尚产业发展模式
纽约：大众成衣业助推时尚产业发展模式
米兰：高级成衣业助推时尚产业发展模式
伦敦：创意设计业助推时尚产业发展模式

借鉴并批评，启发中国时尚产业发展

凝练中国时尚文化特征

建构与时尚文化配伍的中国时尚体系

推动中国时尚产业高质量发展

图 1-3 西方时尚文化、时尚体系、时尚产业之间的逻辑事理关系

31

时尚产业是时尚文化的容器，是洋溢着生命力的有机体。时尚产业的生命活力往往来自独特文化的传承，法国的高级定制业、美国的大众成衣业、意大利的高级成衣业、英国的创意设计业都有其独特之处，但这种独特性不是凭空出现的，而是由历史的积淀和文化的传承所构成的区域时尚产业的气质和品格。时尚文化植根于特定的时尚体系之中，共同服务于时尚产业的发展。从本质上来说，文化是时尚的基础，是时尚产业中最具影响力、竞争力的重要元素之一。纵观西方时尚发展历程，这种由特定政治、经济、文化背景与消费群体演变驱动的时尚体系互动，具有很强的时代性和历史必然性。但事实证明，照搬西方模式并不适合我国时尚的发展，我们应该走出一条属于自己的时尚文化之路，形成中国时尚文化内核。这是中国建立民族自信心、增强民族文化认同感、发展第三产业的关键一环。不难预料，时尚文化引领时尚产业迈向高质量发展任重道远，拓宽中国时尚文化建构路径并非学者一人之事，而需产、学、政、商界共同介入，逐步形成我国各具特色的区域时尚文化特征，树立起具有长期性、独特性的时尚风格，进而发挥时尚文化对时尚产业转型升级的引领作用，助推时尚产业高质量发展。

参考文献

阿多诺, 2005. 论流行音乐 [J]. 李强, 译. 视听界 (4): 58–59.

巴特, 1999. 神话：大众文化诠释 [M]. 许绮玲, 译. 上海：上海人民出版社.

巴特, 2000. 流行体系：符号学与服饰符码 [M]. 敖军, 译. 上海：上海人民出版社.

鲍德里亚, 2001. 消费社会 [M]. 刘成富, 全志钢, 译. 南京：南京大学出版社.

鲍德里亚, 2006. 象征交换与死亡 [M]. 车槿山, 译. 南京：译林出版社.

布迪厄, 华康德, 1998. 实践与反思 [M]. 李猛, 李康, 译. 北京：中央编译出版社.

布鲁默, 1996. 论符号互动论的方法论 [J]. 雷桂桓, 译. 国外社会学 (4): 11–20.

蔡尚伟, 刘果, 2018. 浅析成都时尚文化的发展路径 [J]. 文化产业 (12): 31–32.

凡勃伦, 1964. 有闲阶级论：关于制度的经济研究 [M]. 蔡受百, 译. 北京：商务印书馆.

费素斌, 2009. 流行与时尚的市场定位策略研究 [J]. 特区经济 (4): 223–224.

高宣扬, 2006. 流行文化与社会学 [M]. 北京：中国人民大学出版社.

格朗巴赫, 2007. 亲临风尚 [M]. 法新时尚国际机构, 译. 长沙：湖南美术出版社.

关冠军，负天祥，张芳芳，2016. 北京时尚产业发展研究 [M]. 北京：中国商务出版社 .

黄恒学，2010. 时尚学 [M]. 北京：中国经济出版社 .

吉登斯，2015. 社会理论的核心问题 [M]. 郭忠华，徐法寅，译 . 上海：上海译文出版社 .

姜图图，2012. 时尚设计场域研究 [D]. 杭州：中国美术学院 .

蒋芙蓉，2014. 浅议消费时代下流行时尚的审美特性 [J]. 艺术教育 (9): 45–46.

康德，2005. 实用人类学 [M]. 邓晓芒，译 . 上海：上海人民出版社 .

李采姣，2018. 我国时尚产业文化内涵提升研究 [J]. 城市学刊 39(6): 84–88.

李加林，王汇文，2019. 时尚产业发展的文化支撑 [N]. 浙江日报，2019–03–11.

李欣复，2002. 流行文化的价值学诠释 [J]. 宝鸡文理学院学报 (社会科学版)(2): 87–91.

刘娟，孙虹，2018. 五大时装之都的经验对浙江时尚产业发展的启示 [J]. 丝绸，55(7): 64–69.

刘长奎，刘天，2012. 时尚产业发展规律及模式选择研究 [J]. 求索 (1): 31–33.

卢瑞，2003. 消费文化 [M]. 张萍，译 . 南京：南京大学出版社 .

罗斯，2012. 时尚 [J]. 窦倩，王耀华，译 . 艺术设计研究 (3): 11–15.

齐美尔，2017. 时尚的哲学 [M]. 费勇，译 . 广州：花城出版社 .

桑巴特，2005. 奢侈与资本主义 [M]. 王燕平，侯小河，译 . 上海：上海人民出版社 .

史亚娟，2019. 时尚政治场域中的资本构成、转化及策略研究 [J]. 艺术探索，33(2): 63–71.

思罗斯比，2015. 经济学与文化 [M]. 王志标，张峥嵘，译 . 北京：中国人民大学出版社 .

斯宾塞，2001. 社会学原理 [M]. 张红晖，胡江波，译 . 北京：华夏出版社 .

孙瑞祥，2019. 当代中国流行文化生成机制与传播动力阐释 [J]. 当代电力文化 (4): 89.

孙钰雯，2020. 时尚场域的跨界设计研究 [D]. 杭州：浙江理工大学 .

塔尔德，2008. 模仿律 [M]. 何道宽，译 . 北京：中国人民大学出版社 .

唐英，2009. 意义的共振与重构：广告与时尚和流行的关系探析 [J]. 天府新论 (5): 111–115.

王柯，2020. 肖文陵：眺望时尚的尽头 [J]. 美术观察 (7): 8–9.

威廉斯，2005. 关键词：文化与社会的词汇 [M]. 刘建基，译 . 北京：生活·读书·新知三联
　　书店 .

肖文陵，2010. 国际流行体系与当代中国时尚产业发展途径 [J]. 装饰 (10): 94–95.

肖文陵，2016. "二手"现实的实现：论国际时尚体系与西方文化传播 [J]. 美术观察 (9): 30.

颜莉，高长春，2011. 时尚产业国内外研究述评与展望 [J]. 经济问题探索 (8): 54–59.

杨道圣，2013. 时尚的历程 [M]. 北京：北京大学出版社：79–83.

张璟，2018. 当代中国流行服装文化的发展：评鲍德里亚的《消费社会》[J]. 染整技术 40(11):
　　109.

中欧国际工商学院时尚产业研究中心，2008. 中国时尚产业蓝皮书 2008 [Z].

周宪，2005. 从视觉文化观点看时尚 [J]. 学术研究 (4): 122–126.

周晓虹，1995. 时尚现象的社会学研究 [J]. 社会学研究 (3): 35–46.

Bourdieu P, Delsaut Y, 1975. Le couturier et sa griffe: contribution à une théorie de la magie [J]. Actes de la recherche en sciences sociales, 1(1): 7–36.

Brydon A, Nissen S, 1998. Consuming Fashion: Adorning the Transnational Body [M]. Oxford/New York: Berg.

Dant T, 1999. Material Culture in the Social World [M]. London: Open University Press.

Kaiser S B, 2012. Fashion and Cultural Studies [M]. Oxford: Berg Publishers.

Kawamura Y, 2005. Fashion–Ology: An Introduction to Fashion Studies [M]. Oxford/New York: Berg.

Kawamura Y, 2007. Fashion–ology: Studies on the fashion system and its mechanism: A theoretical framework of sociology of fashion [J]. Iichiko: 56–72.

Rantisi N M, 2004. The ascendance of New York fashion [J]. International Journal of Urban and Regional Research, 28(1): 86–106.

Rocamora A, 2002. Fields of fashion: Critical insights into Bourdieu's sociology of culture [J]. Journal of Consumer Culture, 2(3): 341–362.

Sproles G B, 1979. Fashion: Consumer behavior toward dress [M]. Minneapolis: Burgess Publishing Company.

第二章

西方区域时尚文化特色

一、西方时尚中心

时尚中心（fashion center）是指在时尚领域具有相当影响力，能够策源时尚流行、引领时尚潮流、荟萃时尚品牌、集聚时尚企业、推动时尚传播的中心城市（卞向阳，2020；2010）。法国巴黎、美国纽约、意大利米兰与英国伦敦均是当今世界公认的西方时尚中心，具有国际时尚文化的绝对话语权。如果基于宏观角度将世界各国统筹在一个国际时尚体系之中，那么巴黎、纽约、米兰与伦敦这些时尚中心则处于上游区，并通过自上而下的传播模式影响着处于时尚下游区的国家和地区（肖文陵，2016）。

通过对这些时尚中心的研究，我们不难发现，它们的形成是各方面因素集聚的偶发与必然。首先，时尚中心所在国家强大的政治、经济、文化等综合国力是时尚产业发展的主要保障。同时，产业基础、公共管理、时尚品牌与设计师、时尚消费、时尚教育、时尚传播，以及独到的时尚风格与时尚文化，都是它们能够成为时尚中心不可或缺的条件。其次，自路易十四推动法国成为欧洲时尚中心起，至工业革命驱动欧洲时尚多元中心出现，再到美国以二战为转折形成大众流行文化与消费市场，西方时尚的转承互动往往伴随转承契机的出现与时尚要素不断积聚，是时尚进程的历史必然。

在全球化与信息化的宏观背景下，时尚产业俨然成为提升城市影响力与文化软实力的重要力量。目前，中国时尚产业正处于迈向高质量发展的关键窗口期，中国时尚能否发声于国际舞台，中国能否实现打造现代化国际时尚中心的建设目标成为当下的重要议题。于是，我们在此回望西方时尚中心的发展历程，借鉴西方历史样本，以启发中国时尚产业的发展。

（一）法国巴黎

法国时尚中心——巴黎（Paris），是法兰西共和国的首都和最大城市，也是法国的政治、经济、文化和商业中心。巴黎有着悠久的历史和深厚的文化底蕴，虽然在发展过程中有起有落，但是其时尚地位始终无法被任何一个城市所完全替代。提起巴黎，除了醇酒美食、绘画雕塑，或是城堡宫廷，还有时尚与艺术交融的产物——高级时装。法国高级时装最早的开拓者是19世纪的高级时装设计师查尔斯·沃斯，随后几个时装设计师们跟随其发展的脚步，建立了自己的时装屋，如保罗·波烈、艾尔莎·夏帕瑞丽（Elsa Schiaparelli）等。高级时装在19世纪末开启了兴盛的时代，巴黎自此成为繁荣的时尚中心，巴黎的设计成为世界各地的效仿对象。设计师们创造了世界上最著名和最令人垂涎的时尚品牌，如香奈儿、迪奥、圣罗兰、爱马仕、路易威登等。探究法国摩登时尚文化的源头，可以追溯至法国国王路易十四，他以凡尔赛宫为场域，推崇一种豪奢的生活方式。在位期间，路易十四颁布了《共和二年法令》，以规定各类艺术形式和艺术人才在法国受到保护，并发展了艺术产业与纺织品贸易。这种对于艺术精神和精致生活的追求，推动了民间手工业的发展，宗教和艺术则为其提供了丰厚的文化土壤，以"宫廷文化与高级定制"为特征的法国巴黎时尚文化应运而生（图2-1）。

图2-1 沃斯高级时装屋的时尚沙龙展示

（二）美国纽约

纽约（City of New York，NYC）位于美国纽约州东南部大西洋沿岸，是美国第一大城市及第一大港口。得天独厚的地理位置与便利的航运交通使纽约成为美国贸易中心，也成为移民的目的地之一。商业文化与移民文化的交融，衍生出了纽约多元、包容，甚至有些叛逆的城市文化。20世纪以前，世界时尚与艺术中心一直在法国巴黎。在20世纪初，纽约服装产业与其他辅助服装产业的机构一起，构成了相对完备的纽约时尚产业，包含了从生产到分销再到消费的完整产业链。曼哈顿服装区的建立更是在纽约时尚产业发展进程中起到了至关重要的作用（图2-2）。服装产业在这一阶段已经成为纽约经济的主要推动力，生产、运输以及产品推广等产业链上、下游环节均趋于成熟。唯一不足的是设计依旧跟风巴黎。如何基于当时先进的工业基础与产业能力、整合各类时尚产业资源以建立纽约时尚的世界地位，准确定位纽约时尚与美国设计，是当时其面临的一个重要课题。二战的爆发成为美国时尚转型的历史契机。当时，受战争残害的法国不得不停止一切时尚活动，这使美国时尚不得不开始转而探索自身风格与发展路径，并由此催生了美国时尚的"文化转型"。扮演沟通纺织服装产业和城市文化产业的角色便是设计师和时尚组织。设计师从城市文化产业中汲取灵感创作出新的时尚作品，反之，设计师的时尚作品也为城市文化产业注入了新的活力。商业、文化和艺术的协调发展实现了纺织服装产业整体的时尚转型。纽约时尚植根于商业化与艺术的交织，并由此奠定了其时尚基因，且以大众时尚与成衣业为核心，融合了当代艺术与纽约都市文化，构成了以流行文化与大众市场为特色的独具一格的美国纽约时尚体系。其准确的定位与大众市场的蓬勃发展相契合，由此挑战百年以来法国巴黎在时尚界的绝对地位。

图2-2 曼哈顿服装区的零售商

（三）意大利米兰

20世纪之前，意大利就以罗马、佛罗伦萨等地为中心的纺织手工业生产与销售基地，在欧洲乃至世界都享誉盛名。1920年，伴随着意大利国内第一台自制缝纫机的诞生，意大利纺织服装工业化开始起步。二战前，意大利还只是附庸于法国高级时装下的材料与制造供应商，并没有形成足够大的生产规模。二战期间，法国高级时装受到了前所未有的冲击，一直依附于法国设计的意大利纺织业因此出现了连锁反应，行业岌岌可危。意大利纺织服装产业的复兴之路得益于美国20世纪40年代末期的援助计划。当时，美国国内原材料的积压及成品的匮乏，不得不积极拓展海外生产基地，寻找海外合作伙伴。于是，美国把目光投向了有着集设计与生产优势于一体的意大利，凭借着美国"马歇尔计划"对意大利实行了一系列援助政策，大量的设备、资金以及专利技术进入意大利。这无疑激活了意大利原本因地方保护主义而逐渐衰竭的纺织服装产业，并为后来意大利发展自有品牌奠定了坚实的物质基础。在20世纪60年代和70年代，意大利积极发展纺织服装业与手工业，以城市为中心的发展模式使得米兰、佛罗伦萨、罗马等城市成为强有力的时尚中心。

在时尚城市的角逐战之中，作为意大利第二大城市的米兰凭借标新立异的创新思潮与良好的手工业规模基础，逐渐取得了时尚之都的地位并保持至今。20世纪80年代和90年代，意大利时尚产业开始走品牌扩张路线。当下声名显赫的意大利大部分奢侈品品牌的形象塑造都是在这一时间段完成的。虽然米兰时装周在世界四大时装周中起步最晚，却是影响最大的时装周之一。每年两季的米兰时装周是将意大利制造的产品推向世界的优质平台。据意大利国家时装协会（CNMI）发布的数字，米兰时装周期间，有超过230场时装发布会在米兰举行，吸引约2500名记者和超过1.5万名买手。米兰时装周成为支撑意大利时尚产业良性发展的保障。此外，米兰的展会业也十分发达。米兰拥有许多世界知名的展会，其中，米兰设计周中的米兰国际家具展和米兰国际皮革展是最为知名的两个展览。这些展览范畴极其宽广，并不仅仅局限于服装纺织品的范畴，而是通过这些展览将跨界的服饰设计、家具设计、家纺设计等结合起来。这既拉近了各个行业间的距离，又使得时尚产业的互动性更加强烈。

依托于意大利丰厚的艺术人文底蕴、基础夯实而又不断转型升级的纺织产业链支持，意大利米兰作为意大利时尚的地标，面向世界持续输出意大利文化，与各个时尚中心比肩，共同勾勒西方时尚的时空维度。

（四）英国伦敦

伦敦（London）是大不列颠及北爱尔兰联合王国（英国）首都，也是世界上最大的金融中心之一。伦敦既保留了大英帝国时期的传统文化，又有现代文明的前卫风潮，它通过对创意产业的强调，成为新的时尚中心。伦敦有数量众多的名胜景点与博物馆，是多元化的大都市。"绅士"（a gentleman/the gentry）一词始于英国，从 17 世纪开始，英国贵族阶级所倡导的传统文化与自我存在的价值观，追求品位与人性化的生活方式使得英国形成了与众不同的贵族文化（图 2-3）。19 世纪是英国的辉煌时代，作为"世界工厂"之一，英国的纺织中心的地位也逐渐确立。经济的蓬勃发展促使人们更加关注服装，曾经为上层阶级所享受的消费品逐渐进入普通民众的生活。自 19 世纪开始，以亨斯迈为代表的众多知名的男装定制店相继出现，伦敦逐渐成为国际男装中心。19 世纪中后期，百货公司成为伦敦民众最常光顾的消费场所，中产阶级的女性们在这里闲逛、享受、思考和观赏，并且借由消费得到了自我认同。二战的爆发让英国这个曾经的"日不落"帝国日渐衰退，随之出现了失业率上升、住房困难等一系列社会问题。社会矛盾日益加剧使伦敦人民更倾向于购买廉价的服装，由此催生出了伦敦特有的"高街时尚"。20 世纪 70 年代，这些社会问题激发了大批年轻人反对传统

图 2-3 伊丽莎白公主、玛格丽特公主（1934）

观念与主流时尚，宣扬彰显个性与自我，成为当时英国前卫时尚的主力军。20世纪80年代以来，以撒切尔夫人为代表的英国政府将时尚产业提至很高的地位，并于20世纪90年代明确提出了"创意产业"（creative industries）的概念，由此涌现了许多集艺术、商业、创意于一体的优秀设计人才。至此，以创意产业与金融服务业为双引擎的英国时尚产业，在政府的引导下，以伦敦为时尚中心，以"贵族文化与创意产业"为时尚文化特征，寻求传承与创新协同。

（五）时尚中心与时装周

时装周是时尚体系中的重要环节，它助推了时尚中心的建设并激发了其活力。巴黎、纽约、米兰、伦敦每年都会举办享誉国际的时装周，这些时装周被称为四大时装周。目前，四大时装周是全球规模最大、最体系化、最完整的时尚盛典，是发布时尚前沿设计与资讯的主秀场。时装周是以服装设计师以及时尚品牌最新产品发布会为核心的动态展示活动，也是聚合时尚文化产业的展示盛会。四大时装周均为每年两届，分别为2、3月的秋冬时装周与9、10月的春夏时装周（表2-1）。每届时装周的时间维持在一个月左右，在这一个月中会陆续举办300多场时装发布会，以此来揭示和决定当年以及次年的时尚服装流行趋势。见表2-2。

表2-1 四大时装周举办时间

时装周名称	举办时间	举办频率	四大时装周每次的举办次序为：纽约—伦敦—米兰—巴黎 四大时装周每年两届，分为秋冬时装周（2、3月）和春夏时装周（9、10月）两个部分，每年2月发布当年的秋冬系列，9月发布次年的春夏系列
纽约	每年2月举办当年秋冬时装周、9月举办次年春夏时装周	每年两次（2、9月）	
伦敦	每年2月举办当年秋冬时装周、9月举办次年春夏时装周	每年两次（2、9月）	
米兰	每年2、3月举办当年秋冬时装周，9、10月举办次年春夏时装周	每年两次	
巴黎	每年分春夏和秋冬两季	每半年一次	

其中，巴黎时装周分为"女装成衣时装周""男装成衣时装周"和"高级定制时装周"三类，每类时装周每年举办2场。以2023年为例，这6场时装周的日程分别为：

2023年1月第三周：男装成衣时装周（发布2023年秋冬款）；

2023 年 1 月第四周：高级定制时装周（发布 2023 年春夏款）；

2023 年 2 月最后一周：女装成衣时装周（发布 2023 年秋冬款）；

2023 年 6 月第四周：男装成衣时装周（发布 2024 年春夏款）；

2023 年 7 月第一周：高级定制时装周（发布 2023 年秋冬款）；

2023 年 9 月最后一周：女装成衣时装周（发布 2024 年春夏款）。

表 2-2　近 3 年秋冬时装周、春夏时装周举办时间

年份	时装周名称	秋冬时装周举办时间	春夏时装周举办时间
2021 年	纽约时装周	2021 年 2 月 2 至 2 月 17 日	2021 年 9 月 8 至 9 月 12 日
	伦敦时装周	2021 年 2 月 19 至 2 月 23 日	2021 年 9 月 17 至 9 月 22 日
	米兰时装周	2021 年 2 月 23 至 3 月 1 日	2021 年 9 月 21 至 9 月 27 日
	巴黎时装周	2021 年 3 月 1 至 3 月 10 日	2021 年 9 月 27 至 10 月 5 日
2022 年	纽约时装周	2022 年 2 月 11 至 2 月 16 日	2022 年 9 月 9 至 9 月 14 日
	伦敦时装周	2022 年 2 月 18 至 2 月 22 日	2022 年 9 月 16 至 9 月 20 日
	米兰时装周	2022 年 2 月 22 至 2 月 28 日	2022 年 9 月 20 至 9 月 26 日
	巴黎时装周	2022 年 2 月 28 至 3 月 8 日	2022 年 9 月 26 至 10 月 4 日
2023 年	纽约时装周	2023 年 2 月 10 至 2 月 15 日	预计于 2023 年 9 月 9 日至 10 月 4 日在纽约、伦敦、米兰、巴黎相继举行。
	伦敦时装周	2023 年 2 月 17 至 2 月 21 日	
	米兰时装周	2023 年 2 月 21 至 2 月 27 日	
	巴黎时装周	2023 年 2 月 27 至 3 月 7 日	

一般来说，举办时装周的城市都是时尚文化与时尚设计较为发达的城市。时尚中心的产业发展为时装周提供了基础与动力，主要表现为：其产业的聚集化推动了时装周的市场需求，其产业的专业化丰富了时装周的内容，其城市的国际化提升了时装周的知名度。反之，时装周也为城市发展时尚产业起到了巨大的拉动效应，主要表现在拉动经济、设计展示、文化传播、国际化等方面。综上所述，时尚中心所在城市和时装周两者实则是互为联动的关系，相互促进的同时又彼此制约（原兴情，2016）。如今，我国越来越多的城市也以打造最具地域文化特色的时尚中心为目标而努力。纵观巴黎、纽约、米兰、伦敦这四大时装周（表 2-3），由于它们所在城市的人文历史与政治、经济发展水平不同，各个时装周的时尚风格也有所不同。

表2-3 西方四大时尚区域中心

国家	时尚文化	设计政策	时尚产业	成功经验	失败案例
法国	以"宫廷文化与高级定制"为特征的法国时尚文化	《共和二年法令》(1793)、《创新税收抵免计划》(2018)、《法国数字文化政策》(2020)……	高级定制驱动的法国时尚产业	法国高级时装公会驱动,法国时尚文化为核心,政策法规为保障的高级定制产业发展模式	时尚高等教育体系薄弱导致时尚人才外流。2015年起受到快时尚品牌冲击。本土时尚消费市场萎缩
美国	以"流行文化与大众市场"为特征的美国时尚文化	《国家艺术与文化发展法案》(1964)……《创新设计保护法案》(2015)、《国家艺术及人文事业基金法》(2018)……	大众成衣驱动的美国时尚产业	大众市场导向,行业协会扶持的技术与营销模式创新的时尚产业发展模式	20世纪90年代以来美国设计政策倡议三次流产。纽约政府于1993年建立时尚中心商业改善区以提升纽约城市形象,引发租金上涨,时尚产业缺少低成本创业空间
意大利	以"文艺复兴与高级成衣"为特征的意大利时尚文化	《欧洲复兴计划》(1948)……《企业激励计划》(2018)、《34号法令——时尚纺织业专项补贴》(2020)……	高级成衣驱动的意大利时尚产业	行业协会统筹,政府扶持,时尚产业集聚区为亮点,依托于全球高级成衣产业链的时尚产业发展模式	2008年金融危机后意大利时尚产业受创,政府未及时给予政策支持,导致其产业利润大幅下滑
英国	以"贵族文化与创意文化"为特征的英国时尚文化	《英国创意产业路径文件》(1998)……《创意英国——新人才新经济计划》(2010)、《时尚设计师基金》(2019)……	创意文化驱动的英国时尚产业	政府引领,全民参与,强调数字化策略的创意文化产业发展模式	2013年首提,至2020年正式"脱欧",英国与欧洲国家的协作式时尚产业链被切断的同时导致制造成本上升,设计人才与资金流失问题

　　最早的巴黎时装周萌蘖于19世纪,以沃斯为代表的高级时装设计师们运用独特的时尚沙龙(fashion salon),向社会贵族女性展示最新的时尚款式,并接受定制。1910年,法国高级时装协会成立。作为权力机构,高级时装协会入会资格有着严格的限定,其中一项规定则是协会内的高级时装屋必须每年参加两次由协会举办的时装展示。1918年以后,时装秀变得更加大型和公开化,全世界各地的买手开始周期性造访欧洲,观看新品发表,更新时尚资讯,促使许多品牌逐渐以一年两次、在固定日期举办服装秀,这就是四大时装周的前身。

　　纽约时装周诞生于1943年,最早是由时装评论家伊利诺·兰博发起的"媒体发布周"(press week)。此后,通过时装周的展示与推广,美国设计师的作品获得了全世界媒体和时尚业内人士的关注。随着二战的结束,纽约的时装媒体发布周的概念开始被各个时尚中心采用。虽然战后的法国巴黎凭借迪奥的新风貌"New Look"恢复时尚主导地位,但纽约通过时装周等时尚活动使美国时尚开始发声国际舞台,纽约时尚中心的地位也逐渐巩固起来。对于纽约时装周而言,商业休闲是它最大的时尚风格。

米兰时装周崛起于 1967 年，它将意大利从时装工业强国发展成为具有自己时尚风格的时尚中心。意大利时装以其完美而精巧的设计和技术高超的后期处理，使无数的意大利品牌享誉世界。作为四大时装周之一，米兰时装周是世界时装与消费的风向标，除了精湛的工艺，它最大的特点是艺术摩登的时尚风格。

伦敦时装周虽然起步较晚，但是却以新奇的设计概念与展出方式而闻名。1983 年，英国时装协会想要提升英国在时尚界的地位，开始举办时装周。伦敦作为创意潮流的发源地之一，最大的时尚风格是先锋前卫。在时装周期间，时装周带动了伦敦整个城市的发展，时尚发布带来的前沿资讯与思考的碰撞迅速地作用于时尚产业。

二、西方区域时尚文化特色

西方时尚中心对应各具特征的区域时尚文化。顺脉西方时尚发展历程，以"宫廷文化与高级定制"为特征的法国巴黎时尚文化，以"流行文化与大众市场"为特征的美国纽约时尚文化，以"文艺复兴与高级成衣"为特征的意大利米兰时尚文化，以"贵族文化与创意产业"为特征的英国伦敦时尚文化形成于各自国家历史文化背景下，是区域时尚中心巴黎、纽约、米兰、伦敦形成发展的内在动力与文化支撑，并始终服务于国家的政治经济发展。

（一）法国巴黎时尚文化

法国时尚发端于路易十四时期，倡导"带有时尚文化意味的政治发展模式与国家管理方式"，推行由宫廷文化衍生而来的礼仪制度与体制规范，为构建全新的法国国家形象做出贡献。1793 年的《共和二年法令》明文规定各类艺术形式和艺术人才在法国领土受到保护。相对完备的艺术文化保护政策使时尚成为法国的支柱产业之一，为政治、经济、文化发展做出贡献。19 世纪末，法国高级时装产业蓬勃发展，以时尚沙龙为舞台，流行话语权自宫廷向资产阶级转移。

1. 法国巴黎时尚文化溯源

在法国的历史上，路易十四时代是绝对主义王权达到顶峰的时期，在此背景下，法国时尚于宫廷中开始兴起。路易十四倡导"带有时尚文化意味的政治发展模式与国家管理方式"。宫廷礼仪制度，包括宫廷时装在内，都是路易十四表达自己君主尊严的理想工具与手段。他利用礼仪的象征体系塑造绝对主义的秩序和权威。同时，路易十四希望通过与其他国家的贸易往来不断提升法国的国家实力及其在世界范围的影响力，于是他大力提倡并积极传播法国的宫廷时尚，企图为自己国家打造一个利润丰厚的商品市场——奢侈品市场。基于自身对于时尚格调的痴迷与灵敏的商业市场嗅觉，在宫廷大臣的绝对支持、法国自身的强大国力以及社会发展环境多重条件相适应的基础上，路易十四成功地缔造了受人狂热追随并烙印法国专属标签的奢侈品时尚产业，通过艺术、商业与政治的完美结合，构建了全新的法国国家形象，创造了历史上第一个由时尚和品位推动的国家经济发展手段。虽然法国社会时尚的消费是依赖于宫廷文化培育出的奢侈行为，带有浓厚的政治意味，但这一手段与当时环境下的资本主义发展趋势相契合，有其出现的历史性与必然性（宋炀，2016）。

路易十四统治时期，基于宫廷文化衍生出的礼仪制度与体制规范来达到统治目的的手段是法国所特有的。其中，为了进一步强调王室的地位与权力，削弱地方贵族的管辖势力以达到加强中央集权的目的，路易十四斥巨资搭建凡尔赛宫，邀请王室贵族共同生活，并在宫中制定了一套奢华的宫廷礼仪制度，描摹了当时法国宫廷服饰与生活场景的华丽面貌，使法国宫廷文化成为当时的时尚风向标。自17世纪后半叶开始，法国宫廷对生活与时尚的定义对当时乃至当今的世界都产生了深远影响。

2. 法国巴黎时尚文化的形成

最早的宫廷时尚是一种精英时尚，是王室贵族彰显权力与地位的手段。17世纪末，法国经历了形成其国家和社会文化特征的决定性阶段，即精英时尚开始在法国国内传播，并自上而下地扩散到社会各个阶层。18世纪，大多社会上层阶级与宫廷王室贵族之间在生活方式方面已没有明显的区别。"当社会与经济比例的失调打破了旧制度——法国大革命前的制度的结构时，当市民阶层成为一个具有民族意识的群体时，原来为宫廷所特有的、在某种意义上是宫廷贵族和宫廷化了的市民阶层与其他阶层相区别的那些社会特征，在一种愈演愈烈的运动中以某种方式演变成了民族的特征。"随着新兴资产阶级的队伍逐步壮大、法国的时尚消费群体不断壮大，虽然王室贵族仍在不断地追逐奢侈的时尚以彰显自身的社会地位，但伴随着法国大革命，资产阶级也开始有多余的财力，并效仿王室贵族的服饰穿着，以装饰自己来强调其身份地位。事实上，在资产阶级的推动下，新的法国社会时尚文化在18世纪初见雏形。而后随着人文艺术与时代思潮的发展，在19世纪，法国时尚经过社会各阶层的协调传播与发展达到了高潮，形成了以有闲阶级为中心的新型法国时尚社交圈，并在积极促进国家时尚产业的发展过程中，最终巩固了法国时尚帝国的世界地位。

3. 法国巴黎时尚文化的影响

受路易十四时尚观念的影响，皇室贵族对于以服装为主要标志的时尚文化极度追崇，而随着沙龙文化的诞生和流行，时尚文化的宫廷标签逐渐弱化，越来越多的社会上层阶级与名流参与到了沙龙等时尚社交活动中，有闲阶级的时尚通过各类时尚媒介的传播影响着新兴的资产阶级和社会普通阶层对于时尚的概念和理解，并在这一过程中，接收宫廷时尚文化并开始模仿。同时，他们在模仿的过程中，对时尚进行新的定义，从而逐渐完善了法国时尚。在此自上而下的扩散中，社会各阶层相互链接，为日后法国时尚体系的构建及其时尚影响力的扩散奠定了基础（图2-4）。

以此社会背景为基础，法国时尚通过其时尚社交圈的交叠更替，完成了时尚中心的转移与时尚传播范围的扩散。我们可以将社交圈研究的中心视为圆心，从圆心出发扩散还原社交圈中的相关往来人物，进而勾勒当时整个社交圈的空间维度。在17世纪末所形成的宫廷时尚社交圈是法国时尚社交圈的发展基础，宫廷时尚社交圈是以路易十四等国王为主要的时尚中心扩散至王室政权，以及贵族的精英时尚社交圈，但随着时间的推移，王室政权的衰退，新兴资产阶级队伍壮大，在以时尚沙龙等时尚社交活动和各类发展的时尚媒介为载体的时尚传播过程中，宫廷王室贵族通过沙龙聚集社会上层阶级，如社会中较有名望的资本家、艺术家、社交名媛等，讨论时事热点、人文艺术与政治话题，并潜移默化地传播宫廷时尚。至此，时尚消费群体逐渐扩大，更多的社会阶层开始接

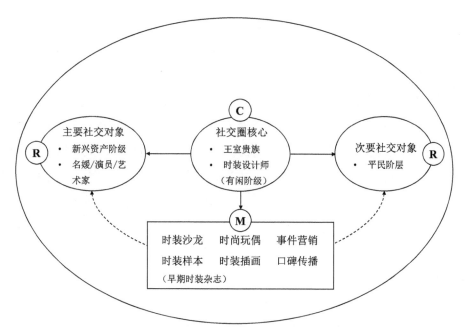

C=传播者（communicator）， M=传播媒介（media）， R=接收者（receiver）

图 2-4 19 世纪新兴时尚社交圈及其传播轨迹

受时尚文化的号召，完成了精英时尚向大众时尚的转移，且始终处于动态变化中。

法国高级时装产业在 19 世纪得到了空前的发展，以沃斯高级时装屋为典型代表，其借助时尚沙龙发展的高级时装屋运营方式充分契合了时尚社交圈的更替模式和当时法国社会时尚的发展痛点。在 19 世纪，流行话语权自宫廷向资产阶级变迁的时代背景下，沃斯开设了面向上流社会阶层的高级时装屋，从而深刻影响了法国高级时装产业发展，并辐射至全球各国时尚产业发展（李璐，2012）。

（二）美国纽约时尚文化

20 世纪以来，美国的政治、经济与技术快速发展，综合国力大幅度提升，为 20 世纪欧、美时尚中心转承奠定了必要的物质、技术与文化基础。随着二战爆发，美国被迫从对法国时尚的效仿转向寻求本土风格。例如，1941 年，纽约市长拉瓜迪亚主办时尚活动"纽约时尚未来"（New York's Fashion Futures），旨在使世界关注纽约时尚新面貌，并收到良好成效。20世纪中后期，在政府、工会、协会以及设计师个人的持续参与下，美国发展出了属于自己的本国时尚风格，并发声国际。

1. 美国纽约时尚文化溯源

路易十四以来，法国巴黎一直是西方时尚的中心与策源地，直至工业革命引发生产方式转变，也带来的新的时尚驱动群体。18世纪英国展开第一次工业革命，全球进入机械化时代。18世纪末期，北美历史上第一家水力纺纱厂在罗德岛建立，标志美国纺织工业化进程的发端。同时，流水线作业模式的引入，在降低产品成本与市场价格的同时催生了大众市场的出现。19世纪后的美国纺织服装工业化进程中，美国纺织企业对欧洲第二次工业革命成果积极吸收，使美国的政治、经济、技术蓬勃发展，综合国力大幅度提升，为后续美国时尚体系对的建构与时尚中心转承奠定了思想与物质基础（丁文锦，2019）。但此时的美国时尚仍热衷于跟风法国巴黎，直至二战爆发、法国时尚活动的骤停，美国时尚不得不转而探索自身风格与发展路径。美国当代艺术就萌蘖于这一历史进程中，音乐、表演、电影等艺术形式的出现与时尚传播方式的创新迭代，引发了美国大众意识形态以及时尚设计语言的转变，最终完成了美国时尚的"文化转型"。

2. 美国纽约时尚文化的发展

作为一个仅有200多年历史的年轻国家，美国并没有如欧洲国家灿烂悠久的历史文化，其时尚文化的形成相对来说底蕴浅薄。由于美国是欧洲移民形成的国家，在其建国后的很长一段时间里，美国一直把欧洲作为自己的文化故乡，两个地区的文化有着极大的相似性。比如在服饰文化方面，美国服装在形制上与欧洲一脉相承，都属于西方的窄衣文化，直到第二次世界大战以前，其在服装造型、风格、色彩上基本都是照搬欧洲服装，谈不上有什么自己的特色。

美国时尚文化的形成与纽约成为新时尚中心的历史契机是二战的爆发。一方面，法国巴黎受到纳粹党的封锁，其大量时装屋被迫关闭，所有的时尚活动都无法顺利进展，法国巴黎作为时尚中心的地位岌岌可危并开始扩散转移；另一方面，在战争的驱动下，美国的政治、经济与技术蓬勃发展，综合国力大幅度提升，为时尚中心的转移承接奠定了物质与技术基础。美国也效仿法国发展本国时尚，在吸收欧洲工业化成果后在东部沿海转移布局纺织服装产业。与此同时，欧洲艺术、人才、产业的转移与文化和价值观念的转化催发了美国服装产业的"文化转型"与其他城市文化产业的崛起，并且成功调和了商业与艺术之间的矛盾，推动了以"流行文化与大众市场"为特征的美国时尚文化。二战以后，迅速强大起来的美国在原有欧洲文化的基础上建立起以理想主义和实用主义为特征的美国文化。在其影响下，美国时尚也摆脱了以奢华、优雅和气派为主要特征的欧洲时尚的束缚，逐渐发展出以简约、休闲、自由和性感为特色的美式服饰文化。其时装在外观上更趋向于大众化、平民化，更强调服装的个性、功能性、舒适性和实用性（史亚娟，2013）。这恰恰迎合了后现代社会多元化、大众化、平民化的生活方式和人文理想，因而在全球范围内受到广泛欢迎。从此，美式风格开始作为一股独立的潮流影响着世界时尚的发展方向。

3. 美国纽约时尚文化的影响力

美国时尚的发展自然离不开与之配伍的文化养料。由于欧洲人文思潮的转移启发了美国现当代艺术与大众文化，譬如抽象表象主义、波普艺术和街头文化等现当代艺术。同时，音乐、表演艺术、电影等艺术形式呈现出多元化发展态势，为时尚产业提供了设计灵感。西方艺术家和设计师为美国时尚产业带来了创造性、审美性、艺术性与商业性。

美国是一个多民族多元文化的国家，但文化的主要源头在欧洲。最早将欧洲现代艺术在美国进行传播的是摄影家斯蒂格利茨①，他是一个对包括摄影在内的美国现代艺术的形成和发展做出巨大贡献的艺术家。斯蒂格利茨于20世纪初期在纽约开设"291画廊"，专门传播欧洲的现代主义艺术思想，并于1908年开始举办欧洲现代主义画家的作品展以及销售活动，积极引进毕加索、塞尚、马蒂斯等欧洲前卫艺术家（常青，2016）。欧洲现代主义画家的作品在纽约不断出现，动摇了美国人对传统写实主义的热意。随后，由于一战的经历和二战的爆发，许多欧洲的艺术家逃亡至美国纽约，为纽约注入了新的艺术血液，如马塞尔·杜尚的反传统意识给未来的抽象表现主义画家很大的启示；萨尔瓦多·达利

---

① 阿尔弗雷德·斯蒂格里茨（Alfred Stieglitz，1864—1946年）是一位身兼各派的全才摄影家。作为摄影分离运动的先驱，他与一些艺术家积极向美国艺术界引进包括马蒂斯、毕加索在内的欧洲前卫艺术家，对美国现代艺术观念转变产生了重大影响，因此被誉为美国"现代摄影之父"。

从 1940—1948 年在美国丰富的艺术活动加速了抽象表现艺术形成的进程。可以说富人与艺术家的聚集促使美国本土现代艺术抽象表现主义开始萌生。美国时尚融合当代艺术家的设计思考并转化为大众消费品的特点在美国时尚产业发展进程中逐渐形成。

（三）意大利米兰时尚文化

中世纪后期，意大利作为文艺复兴策源地，可以说在一定程度上引领着当时的欧洲时尚，但近现代意大利时尚产业崛起则是一个"去巴黎化"过程。夯实的纺织工业基础、精益求精的工匠精神，奠定了意大利高档成衣制造与时尚品牌创新路径。二战后，美国推行"马歇尔计划"以复兴欧洲经济，意大利纺织产业以此为契机逐步建构了相对完备的时尚产业链。到了 20 世纪 70—80 年代，意大利纺织服装产业凭借其标新立异的创新思潮与良好的手工业规范基础实现了产业转型发展，并在 80 年代后走上了品牌扩张路线，塑造了一大批声名显赫的意大利奢侈品牌。

1. 意大利米兰时尚文化溯源

大多数文献资料都认为时尚起源于意大利，中世纪后期，意大利成为欧洲文艺复兴（Renaissance）的策源地与中心。新生产力和新兴资本主义生产关系促进了社会经济的繁荣和都市生活的富庶。在此经济基础上，文艺复兴新思潮活跃在社会各领域，同样也体现在了服饰穿着上。同时，服饰穿着作为时尚的具体表象，其发展孕育了最初的时尚概念。对于意大利而言，服装的象征价值在文艺复兴时期达到了巅峰。一个人的服装可以标明其特殊的社会阶层，并决定其在那一阶层中的地位、作用及权利。因此，中世纪后期以降，意大利成为欧洲时尚的中心。

中世纪后期，资本主义在多种条件的促成下萌芽显现，并于意大利首先出现。新兴资产阶级为了维护和发展自身的政治、经济利益，首先在意识形态领域展开了反封建斗争。在意大利丰厚的文化积淀与新兴资产阶级迫切发展资本主义等多重因素的作用下，意大利成为欧洲文艺复兴的策源地与中心。新生产力和新兴资本主义生产关系产生并相互发展，在此经济基础上，文艺复兴新思潮活跃在社会各领域，宣扬人生价值和人性自由解放，大肆鼓吹现世的享乐和现实的幸福，追求美饰美物、追求奢华富有的风气盛行。应运而生的意大利花样丝绒，以其高雅的质感和高昂的价格被视作富贵和奢侈的象征，受到社会特别是贵族和富有者的狂热青睐，成为许多重要人物的服饰穿戴。甚至还有许多著名画家参与到丝绒服饰的设计与普及当中，可以在其作品中许多重要人物穿戴的丝绒服装上得到印证。

2.意大利米兰时尚文化的形成

真正标志着意大利现代时装历史和时装工业开端的是1951年2月在意大利佛罗伦萨皮蒂宫的白厅举行的一场时装秀。这场秀是由一位名叫贾瓦尼·巴提斯特·乔治尼的贵族时装商人所举办的。一方面，他召集了意大利老中青一批各具特色的设计师；另一方面，他请来了美国的时尚媒体和百货公司买手。第一场时装秀虽然只吸引八个买手和一名记者，但是《女装日报》（*Women's Wear Daily*，*WWD*）以《意大利风格获得美国买家认可》为题做了积极报道。接着贾瓦尼·巴提斯特·乔治尼积极不懈地于1951年7月和1952年7月继续在皮蒂宫举行了规模和人数更大的时装秀，而结果也如我们所见，意大利的时尚再次走向了世界市场。

20世纪70年代后期，意大利政府将政府时装局成衣化时装部搬迁至北部的米兰。米兰是意大利北方伦巴第大区的首府，也是其金融、工业、商业中心，城郊到处都是针织厂、丝织厂、制鞋厂等，造就了一个非常适宜时装工业发展的空间与场所。因此，成衣新贵们纷沓而至，米兰迅速发展为国际时装设计与贸易的重要之地，曾经热闹的佛罗伦萨皮蒂宫的白厅变得门可罗雀。1979年，米兰举行了第一届的米兰国际时装周，代替了曾经的罗马和佛罗伦萨成为意大利的时装中心。

意大利在历史更迭中，发展出了魅力深厚的时尚文化。意大利时装产业的崛起就是一个"去巴黎化"的过程。强大的纺织工业基础、精益求精的工匠精神，奠定了意大利成衣制造和时尚品牌产生的不同路径。二战结束后，为恢复欧洲经济发展，美国发起"马歇尔计划"，意大利成为获益国，纺织工业得以推动并发展。意大利设计师因时制宜，建立了意大利时尚的独特"身份识别"，摆脱了巴黎高级定制的影子，发展了本国高级成衣时尚产业。

3. 意大利米兰时尚文化的影响力

经历了 20 世纪 70 年代的对抗，美苏冷战，享乐主义、炫耀式消费、金钱至上主义成了欧美的主流价值观。在此时期，服装设计追求对于身材曲线的塑造，使得以高级成衣制造闻名的意大利时装工业迎来了黄金年代。意大利的时装设计独具魅力，充满文艺复兴时期特色的华丽的具有丰富想象力的款式，色彩鲜艳，既有歌剧式超现实的华丽，又能充分考虑穿着舒适性及恰当地显示体型。在这一时期，米兰城涌现出了一大批杰出的时装设计师，如乔治·阿玛尼（Giorgio Armani）、范思哲（Versace）、奇安弗兰科·费雷（Gianfranco Ferre）、弗兰科·莫斯基诺（Franco Moschino）、杜嘉班纳（Dolce & Gabbana）[①] 等，这些设计师在日后创建了享誉国际的意大利时尚品牌。20 世纪 90 年代中期，由高级成衣和皮具配饰组成的意大利奢侈品产业发展已经达到了顶峰。全球范围之内，意大利奢侈品牌打破了法国巴黎以高级定制闻名的时尚话语权体系，成为风格独特、定位清晰的新兴时尚力量。意大利高级成衣品牌有着牢固的工业化流程基础，从生产缝纫、布料，从成衣到配饰，到最后的商业运作和沟通机制，整个时装工业体系完善，高品质的量产保证了意大利制造的品牌标签。

（四）英国伦敦时尚文化

英国新兴资产阶级群体自维多利亚时代开始成为时尚文化的主要驱动力量，但同时贵族文化作为英国传统文化的重要组成部分，仍然源源不断地为时尚文化注入新鲜血液。至 20 世纪 90 年代，英国推行"新文化政策"，创意产业应运而生。作为后工业时代知识经济发展的标识，创意产业发展推动了英国传统产业转型升级。

1. 英国伦敦时尚文化溯源

英国是世界上最早以政府名义提出文化战略和发展创意产业的国家，早在 1997 年，英国布莱尔内阁首次提出推行文化创意产业，并将其定为国策，在这一政策的推动下，作为英国时尚之都的伦敦在时尚产业方面得到了极大的发展。2003 年，《伦敦：文化资本——市长文化战略草案》则更为明确地提出将伦

---

① 杜嘉班纳（Dolce & Gabbana）取自两位意大利设计师的名字，即杜梅尼科·多尔奇（Domenico Dolce）和斯蒂芬芬诺·嘉班纳（Stefano Gabbana）。

敦建设为世界级的文化中心。在这一草案的推动下，伦敦时尚产业迎来其发展的高峰期，产业建设、推广效率极大提升。根据英国时尚协会（British Fashion Council）发布的一份报告称，时尚产业对英国经济产生的直接经济价值高达210亿英镑，对其他行业的影响则达到160亿英镑。与此同时，伦敦十分重视培育时尚人才，推出了《创意英国——人才新经济计划》，设立近百所学校培养新型时尚人才，并结合高新科技，发掘未来时尚的可能性。英国正在努力将创意产业发展为驱动经济的新引擎，通过创意来打造全新的制造业（李明超，2008）。

2. 英国伦敦时尚文化的形成

在18—19世纪的英国，贵族是最富有的且出身最好的公民。在英国社会中，人们对上流社会的仰慕以及学习模仿，对其发展有着重要意义。贵族阶层的一些生活习惯逐渐发展成为社会的习俗。由于贵族女性在贵族生活方面表现的作用相对较大，所以贵族女性在服饰上，引领了当时社会的时尚。贵族女性被人们看作是时尚的代表，社会其他阶层对她们的一举一动进行模仿和宣传，并逐渐成为一种社会习俗。随着工商业资产阶级实力的增强以及社会地位的提高，维多利亚时代的贵族阶层逐渐处于劣势，但他们并没有完全退出历史的舞台。贵族阶层在某些方面还发挥着影响，贵族女性作为贵族集团的一个组成部分，也对社会发展产生着重要积极的影响。

在19世纪，英国率先进行了工业革命，成就了日不落帝国的辉煌。至19世纪下半叶，英国世界工业霸主的地位开始丧失，二战以后其相继失去了世界工厂、金融中心、海上霸主的地位，经济一落千丈，由债权国变成债务国，彻底沦为一个二流国家。出于对英国经济的清醒认识，撒切尔夫人上台以后对英国经济打了一剂良药，进行了大刀阔斧的产业调整，坚决淘汰了高耗能的传统产业，如煤矿、钢铁、造船等，与此同时带来的是失业率居高不下，经济困顿。但这次改革彻底改变了英国的经济结构，为以后第三产业的勃兴铺平了道路。

20世纪90年代以后，英国进一步加大产业发展的步伐，例如推行新文化政策，力促英国的著名博物馆免费开放，以增强艺术在国家生活中的地位与作用。创意产业在这样一个大背景下应运而生。创意产业是英国后工业时代知识经济发展的显著标志，创意产业的智能化和高文化附加值可以大幅度提高传统制造业产品的文化和知识含量，提升传统产品的价值，促进产业的升级转化。以创意产业为支撑的创意城市是现代城市发展的方向。

3. 英国伦敦时尚文化的影响力

英国政府从 1997 年起大力支持兴办创意产业，使国家成功实现产业升级和经济转型。目前英国创意产业增长速度已达到全球之冠，并与金融服务业一起成为英国知识经济的两大支柱。昔日"日不落"帝国重新焕发了青春活力，伦敦也因此成为世界创意中心。以"贵族文化与创意产业"为特征的英国时尚文化作为英国时尚品牌的文化底蕴，引领着品牌的发展。从 18 世纪英国伦敦萨维尔街到新锐时尚品牌，从安德森与谢泼德（Anderson & Sheppard）、亨利·普尔（Henry Poole）、莫里斯·塞德维尔（Maurice Sedwell），到博柏利（Burberry）、薇薇安·韦斯特伍德（Vivienne Westwood）、迈宝瑞（Mulberry），英国时尚兼容高端与大众时尚市场。与此同时，英国时装协会主席斯蒂法妮·费尔（Stephanie Phair）认为，"我们已经谈论可持续时尚许多年了，现在它已经超越流行趋势，品牌不能仅仅将可持续时尚作为一种先进的商业模式，而应把它变为一个需要核心考虑的问题。"2018 年，博柏利（Burberry）品牌烧掉库存以保证不打折、不经销，但这一举动引发环保人士的抗议。此后博柏利将可持续作为品牌发展目标，从产品、包装、生产制作等方方面面积极变革，并表示在 2022 年结束前，确保所有品牌产品都能符合可持续发展要求，从而为环境和社会做出积极贡献（何大隆，2007）。

参考文献

卞向阳，2010. 时尚产业与城市文明 [M]. 上海：东华大学出版社．

卞向阳，2020. 国际时尚中心城市案例 [M]. 上海：格致出版社．

常青，2016. 纽约是如何成为新的世界艺术中心的 [J]. 走向世界 (23): 96–99.

丁文锦，2019. 时尚法：国际视野与中国发展——从美国与欧洲对时尚保护的源起、现状、立法与司法实践谈起 [J]. 浙江理工大学学报 (社会科学版), 42(5): 513–523.

何大隆，2007. 英国：合力传播核心价值观 [J]. 瞭望 (22): 27.

李璐, 2012. 法国时尚产业研究 [D]. 北京:首都经济贸易大学.

李明超, 2008. 创意城市与英国创意产业的兴起 [J]. 公共管理学报 (4): 93-100.

史亚娟, 2013. 郭平建. 美国服装业的崛起与美国文化精神 [J]. 纺织服装教育 28(1): 80-83.

宋炀, 2016. 时尚文化的启蒙时代:18 世纪法国宫廷女装文化 [M]. 北京:中国纺织出版社.

肖文陵, 2016. "二手" 现实的实现:论国际时尚体系与西方文化传播 [J]. 美术观察 (9): 30.

原兴倩, 2016. 时装周与时尚之都发展的耦合演进关系研究 [D]. 青岛:青岛大学.

第三章

西方区域时尚文化与时尚体系

"时尚体系"萌蘖于西方，是欧洲经济与技术发展到一定阶段催生的集生产、消费于一体的独特系统。14 世纪以意大利文艺复兴为发端，在人文思潮运动及国家综合实力的发展推动下，法国宫廷文化为代表的精英时尚体系日趋成熟；至 19 世纪，在工业革命与战争等多因素推动下，西方时尚中心呈多元发展态势。

纵观以往时尚研究，凡勃伦（1964）最早将"时尚"看作是"炫耀性消费"的产物。正是从时装的即时性和模仿性消费中，齐美尔看到了现代社会制度境遇下的个人生存状态，如波德莱尔[①] 所说的那样，"时尚是理解现代性的一把钥匙"，也就是说，"时尚系统"被齐美尔解读为一种现代社会形态，因为它表达了同一性的社会制度与人各有己的差异性之间的张力，反映了现代个体对趋同性和个性两种趋势的矛盾追求（齐美尔，2017）。再到布鲁默那里，时装的生产与消费都成了共同趣味和经验基础上的集体选择，体现为一种反映时代精神、有着自身变化逻辑的"时尚潮流"（布鲁默，1996）。如果说布鲁默解释了时装生产与消费的二元关系，将它们共同看作时尚的生产机制的话，那么布迪厄则从文化生产的角度，阐明了这个生产机制的基本结构和运行逻辑。他通过对高级时装设计中的符号编码和解码过程的分析，解读了作为文化生产的"时尚系统"的空间结构和斗争关系，"时尚系统"在这里成为由历史和具体社会条件所建构的一个特殊文化领域，即"时尚场域"（姜图图，2012）。

时尚作为场域，在一定程度上延续了"产业系统"的理解，但却避免了功能论和有机论的认识误区——似乎"时尚系统"是一个内部功能互补、可以进行

---

① 波德莱尔（Charles Pierre Baudelaire），法国诗人。波德莱尔对资产阶级的传统观念和道德价值采取了挑战的态度。他力求挣脱本阶级思想意识的枷锁，探索在抒情诗的梦幻世界中求得精神的平衡。成年以后，波德莱尔和巴黎文人艺术家交流，过着波希米亚人式的浪荡生活。在他笔下，巴黎风光是阴暗而神秘的。波德莱尔以丑为美，化丑为美，在美学上具有创新意义。这种美学观点是 20 世纪现代派文学遵循的原则之一。

自我调控的有机体，系统功能的协调或统合，是系统内在结构自我发展的结果。与此相反，"场域"强调的是内部的力量关系及其冲突和变化，用布迪厄（1998）的话来说："场域是力量关系，是旨在改变场域的斗争关系的地方，因此是无休止地变革的地方"。也就是说，时尚作为场域，不是对场域内部的参与者（时尚设计师和时尚机构）之间的功能关系的考察，而是对其斗争关系，以及因斗争关系而导致的力量关系的变迁过程的考察。因此，我们认为，时尚作为场域，绝非时尚现象发生的容器，而是社会历史建构的一个特殊场域。那么"时尚场域"也不仅仅是一个由生产和消费所组成的功能系统，而是涵盖"创意子系统、生产子系统、传播子系统、消费子系统、评价子系统、保障子系统"的完整时尚体系。

首先，时尚体系各子系统中，创意子系统以设计创新为核心，生产新的时尚理念，丰富时尚内涵，驱动整个时尚体系的运转；生产子系统是实践过程，是时尚的载体，实现时尚从概念到以服装为主体的实体转变；传播子系统以公关公司、广告公司等宣传媒介为主体成员，完成时尚流行的传播与转变过程（王梅芳，2015）；消费子系统围绕消费者，实现时尚这一文化力量向资本转变的行为；评价子系统则反馈流行现象，以刺激创意系统产生新的时尚内涵；保障子系统以保障整个系统运转为目的，以政府相关部门和行业协会组织为主体成员，以保障时尚行业从业人员各项权益（图3-1）。

其次，文化在时尚体系建立过程中起到了关键性作用，它既能助长时尚的灵感，又能催生时尚文化的产生。

最后，时代更迭中，时尚体系的结构不断演化，与时俱进以匹配时尚文化与时尚产业发展。

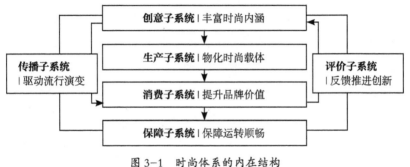

图3-1 时尚体系的内在结构

一、法国巴黎：宫廷文化与高级定制

相对于以生产驱动的时尚产业链，19世纪法国时尚体系以设计为主要驱动力量，并由六个子系统的空间构成与交叉运作，形成法国时尚体系的结构。包括：创意子系统（以高级时装设计师为核心、技艺精湛的手工艺人、匠人和高级裁缝等为参与成员）；生产子系统（法国高级时装屋、工坊等）；传播子系统（法国时装周、法国时尚沙龙、法国时尚媒介、参展世博会等）；消费子系统（以围绕时尚消费者为核心的子系统，包括零售商、广告商等）；评价子系统（时尚记者、编辑，以及博物馆、展览等）；保障子系统（政府的文化部门、行业组织，以保护时尚从业人员权益）。

（一）创意子系统

创意子系统是以高级时装设计师为核心，以手工艺者、量体师、匠人和高级裁缝、艺术家等为参与人员所组成的。在19世纪末至20世纪初，法国高级定制师及设计师逐渐开始享有盛誉，并且他们的姓名开始具有经济价值。从19世纪中叶开始，位于巴黎的高级时装设计师们创建了高级时装协会，即后来的公会。公会的努力让高级定制师（couturier）成为艺术家，并确立他们的"名字"是声誉的一种象征并且是原创设计的国际权威代名词。女装设计师不再只是熟练的工匠，而是富有创意的艺术家，他们的名字印在或编织在标签上并谨慎地缝在衣服或紧身胸衣里面，这也是时装设计师标签的开始。

（二）生产子系统

生产子系统是以手工生产为主的高级时装产业链。生产子系统是实践过程，是时尚的载体，实现时尚概念到以服装为主体的物质实现，高级定制时装的繁荣时期与精制缝纫机的问世相互依存。精制缝纫机由巴泰勒米·蒂蒙尼耶（Barthlemy Thimonnier）于1829年发明，由埃里亚斯·豪（Elias Howe）于1846年精制，并由艾萨克·辛格（Isaac Singer）于1851年完善。精制缝纫机以技术协助的方式使时装业发生了翻天覆地的变化，促使了时装从手工服装过渡到机械服装。不论是有着"高级时装之父"称号的查尔斯·沃斯，还是埃米尔·平加特（Emile Pingat）、雅克·杜塞等定制师，都依靠这类缝纫机生产和推广自己的时装。

（三）传播子系统

传播子系统由时尚玩偶、时尚版画、时尚杂志、时尚沙龙、艺术展览与博览等传播方式所构成。传播子系统以公关公司、广告公司等宣传媒介为主体成员，完成从精英群体集体选择的时尚现象到大众选择的流行现象之转变过程。20世纪印刷技术的革新以及彩色印刷的发明促使了时尚传播的转变。时尚传播媒介由原先的时尚玩偶传播转向时尚杂志，从而加快了时尚信息的更新速度以及承载了更多的时尚资讯。法国主要的时尚杂志有《时尚画廊》（*Galleries Des Modes*，1778）、《女士时尚杂志》（*Le Journal Dees Dames Et Des Modes*，1797）、《勒弗蕾》（*Le Follet*，1829）、《时尚箴言》（*Le Moniteour De La Mode*，1843）、《时尚画报》（*La Mode Illustree*，1860）等。

（四）消费子系统

消费子系统是以贵族阶级为主要消费群体，并逐渐扩展至高级资产阶级、中级资产阶级以及新兴资产阶级，结合高级时装屋、百货商店等零售渠道所形成的子系统。消费子系统是对法国时尚文化向资本转变的路径，由法国时尚消费者驱动，通过基于区域时尚文化特色的产品设计，通过展示与销售，经由流通渠道创造经济价值。20世纪初的法国，新型零售方式百货商店的产生开拓了新的销售市场，并且为20世纪50年代成衣产业的出现和发展奠定了商业模式基础。高级定制时装屋不仅对贵族人群开放，女演员、小说家、戏剧家等因现代化进程而出现的新兴阶级代表也开始拥有进入时尚沙龙的资格。

（五）评价子系统

评价子系统是包括时尚记者、时尚编辑、各类展会等形式的多方评价反馈系统。评价子系统通过反馈流行现象，刺激创意系统从而产生新的时尚内涵，从而促进时尚及其相关产业的闭环式发展。

（六）保障子系统

保障子系统是以相对完备保护政策为主要保障，与行业协会、教育院校一同构成的子系统。保障子系统以保障整个系统运转为目的，以政府相关部门、行业协会组织和教育院校为主体成员，以保障时尚行业从业人员的各项权益。

法国于 1793 年颁布的《共和二年法令》规定，各类艺术形式和艺术人才在法国领土受到保护。在行业协会保障方面，法国于 1868 年成立了"巴黎服装工会联盟"，该联盟在 1910 年被划分为两个组成部分，其一是高级时装业，以定制为主要形式，服务对象为上层社会的富有群体以及新兴资产阶级群体（有闲阶级），强调服装的原创性、高贵性；其二是向成衣业发展，面向社会大众提供服装的基本样式与风格。工会联盟作为法国高级时装公会的前身，为杜塞等的高级时装品牌及高级时装设计师身份提供了保障。

二、美国纽约：流行文化与大众市场

20 世纪，美国时尚以流行文化为内涵，借力于强大的政治经济基础，集聚六个子系统的空间构成与交叉运作，形成了与"流行文化与大众市场"相配伍的美国时尚体系。美国时尚体系包括：创意子系统（以设计师个人、设计师协会与时尚集团等行业组织为核心所构成）；生产子系统（顺应机械化大批量生产的大众成衣产业链）；传播子系统（杂志、时装周、时尚媒体与社交媒体、数字媒体，以及营销公司等）；消费子系统（以大众消费群体为主，结合各形态零售渠道与广告商所形成）；评价子系统（时尚记者、编辑、文化机构、展览等）；保障子系统（以政府部门为主，以工会与协会等时尚组织以及时尚教育机构为辅，保障时尚活动的顺利进行、行业的规范发展，以及人才的不断补给）。

（一）创意子系统

创意子系统是以成衣设计师为核心，与现当代艺术家、时尚从业者等为参与人员所组成的。20 世纪以来，美国时尚融合当代艺术家的设计思考，并转化为大众消费品的概念在美国时尚产业发展进程中不断涌现。最早将时装与艺术文化相融的设计形式是由出生于意大利、但主要活跃于法国的高级时装设计师夏帕瑞丽开创的，她与许多知名的艺术家（如达利、杜尚）等合作完成作品，并通过媒体的宣传、零售商的订购以及上流社会的追崇而风靡美国。后因战争所迫，夏帕瑞丽移居美国纽约，她的设计理念与设计风格对美国时尚产业产生了深远影响。譬如，美国当代艺术与流行文化的融合中，安迪·沃霍尔（Andy

Warhol）本人受到夏帕瑞丽的启发，不仅促进了时尚与艺术的交融，而且为欧美时尚转承与 20 世纪 70 年代以来的后现代艺术与时尚的结合创造了可能性。

（二）生产子系统

生产子系统是机械化大批量生产，以适应性设计和工业化为特点的大众成衣产业链。18 世纪末期，北美历史上第一家水力纺纱厂在罗德岛建立，标志着美国正式开始纺织工业化生产。美国企业不仅善于模仿，而且非常善于根据本国的资源禀赋状况进行适应性改造。譬如，电动缝纫机的问世，在很大程度上改变了服装的生产方式和人们的着装观念。同时，美国企业引入流水线作业模式，降低了成本和市场价格，从而催生了大众市场的出现。19 世纪 80 年代，移民的增加以及国内市场的扩张，导致纽约对成衣产业的供应与需求快速增长。至 20 世纪初，纽约经历了城市化和工业化进程，并形成了从服装制造到消费的完整产业链。同时，美国当代艺术的崛起与美国时尚体系建构相辅相成，为美国时尚体系奠定坚实基础。

（三）传播子系统

传播子系统由时尚权威杂志、时尚插画、时装发布会、广告传媒等传播方式所构成。首先，*Vogue*（《时尚》，1892 年设立）和 *Harper's Bazaar*（《时尚芭莎》，1867 年设立）是美国最具代表性的时尚杂志。在美国时装业刚起步时，*Vogue* 杂志为消费者及整个行业提供了时尚、美妆、生活方式以及流行趋势等，还与 CFDA[①] 颁发了时尚基金（CFDA/Vogue Fashion Fund），为新一代美国年轻设计师提供帮助。*Harper's Bazaar* 则给女性提供了从成衣到高定最新的、最好的搭配资源，还展示了世界上最有远见的造型师和才华横溢的设计师。除了 *Vogue* 和 *Harper's Bazaar* 外，贸易杂志 *WWD* 最开始是报道当时女装工人罢工的新闻，如今该杂志也被称为"时尚圣经"。其次，美国发达的广播传媒、影视艺术、广告宣传也成为传播子系统的重要组成部分，主要的广播公司有 ABC、CBS、FOX 和 NBC 四大广播公司。此外，各大时尚活动及展会为美国时尚提供

---

① 美国时装设计师协会（Council of Fashion Designers of America，CFDA）于 1962 年由伊利诺·兰伯特 Eleanor lambert 创立。它每年举行的颁奖典礼，即美国时装设计师协会奖，被称为时界的奥斯卡奖，因为 CFDA 时尚奖在时尚界的地位和电影界的奥斯卡奖一样重要。

了时尚传播平台，主要的时尚活动有纽约时装周、美国时装设计师协会大奖、大都会博物馆服装研究院年度庆典等。

（四）消费子系统

消费子系统是以大众消费群体为主，结合专卖店、目录邮购、百货商店、连锁店、工厂直销等多形态零售渠道以及广告商所形成的。受到资本主义经济与工业革命的冲击，加上生产技术变革，社会财富得以重新分配，政治、经济、文化的支配地位逐渐被日益富裕的资产阶级所掌握，宫廷贵族主义逐渐退出历史舞台，时尚消费群体开始由贵族消费群体向大众消费群体转变。同时，人们的生活方式与时尚观念随之改变，构成了由"流行文化与大众市场"驱动的美国时尚。

（五）评价子系统

评价子系统是以时尚记者、时尚编辑、各类展览等形式组成的多方评价反馈系统。美国时尚体系发展进程中有一个具有历史特殊性的评价教育机构，即博物馆。在传统观念中，时尚与大众群体之间是有距离的，而博物馆因为其极大的开放性和包容性成为大众群体触碰艺术和文化的空间，更成为普通大众和时尚之间沟通的一条通道。纽约作为新的世界艺术中心，拥有世界级的艺术博物馆，如纽约现代艺术博物馆（the Museum of Modern Art，MOMA）、大都会艺术博物馆（Metropolitan Museum of Art，MET）、古根海姆博物馆（Guggenheim Museum，GM）等。大都会艺术博物馆从1948年开始每年举行的慈善筹款晚会，即纽约大都会艺术博物馆慈善舞会（Metropolitan museum of art's costume institute in New York city，Met Gala/Met Ball），将设计师与风格推动者和其他文化精英联系起来，成为当时业内最盛大的活动，纽约当地设计师也从中受益。

（六）保障子系统

保障子系统是以政府部门的管理、扶持项目与政策为主要保障，以行业协会机构为辅，与教育机构一同构成的子系统。美国的保障子系统以政府部门的管理、扶持项目、行业协会与教育机构保障整个时尚系统的运作，主要的管理机构有商务部、美国纺织品协议执行委员会、美国纺织品制造商协会、国际贸易管理局和出口管理局；主要的产业扶持项目有美国政府1941年举办的时尚活动"纽约时尚未来"（New York's Fashion Futures）与美国政府于 1987 年在曼哈顿建立的"服装中心特别区"（Special Garment Center District，1987），以及美国于 1973 年联合日本、加拿大等国家签订的《国际纺织品贸易协定》；主要的行业协会有时尚集团（the Fashion Group）、美国时装设计师协会（CFDA）、美国色彩协会（CAUS）[①] 等；主要的时尚教育院校有纽约时装学院、帕森斯设计学院、普瑞特艺术学院等。

三、意大利米兰：文艺复兴与高级成衣

意大利主要以其历史文化与艺术风格为内涵，借力于务实的纺织工业基础，形成了与"文艺复兴与高级成衣"相配伍的意大利时尚体系。包括：创意子系统（以设计师为主导，手工匠人、高级裁缝、艺术家等参与人员组成的文化创意群体）；生产子系统（传统手工艺与现代化工业结合的高级成衣产业链）；传播子系统（以公共宣传、时装周发布、贸易展会等多形式组成子系统）；消费子系统（有强烈时尚消费意识的消费者与零售商、广告商等组成的子系统）；评价子系统（时尚记者、编辑、报纸杂志等）；保障子系统（以商会为主，政府为辅，统筹行业协会的意大利三大时尚权力场域机构保障时尚产业规范发展，时尚教育机构保障人才培养与时尚概念灌输）。

（一）创意子系统

创意子系统是由以高级成衣设计师为核心，由手工匠人、高级裁缝、艺术家等参与人员所组成的。设计师作为制造时尚的关键性人物，把握了时尚发展的风向标。设计师乔治·阿玛尼与意大利著名服装公司 Gruppo Finanziario Tessile（GFT）在意大利时尚产业发展较为艰难的时期，达成时装生产与设计的联合，奠定了时尚设计师从幕后走向台前这一重要发展阶段的基础。生产厂商与设计师的新型合作模式是意大利时尚另辟蹊径的时尚发展模式之一，使其成衣制造成为国家时尚的重要象征标志，为其他国家所借鉴和学习。

---

① 美国色彩协会（The Color Association of the United States，CAUS）创立于 1915 年，是世界上第一个专业化的流行色团体，也是美国色彩事业的导航。

（二）生产子系统

生产子系统是传统手工艺与现代化工业结合的高级成衣产业链。意大利制造闻名全球，其中，时尚产业已经形成一套完整传统手工艺与现代化工业结合的生产系统构架。意大利时尚业作为意大利产业结构中最具国际影响力的行业之一，设计独具历史特色、生产模式不断创新、销售网络渠道完善，三大环节相辅相成、同步发展。构成时尚产业链的企业之间相互作用，分工明确、独特的产业集群模式促使意大利时尚制造行业形成具有专业化、特色化且具高附加值的产业特色。

（三）传播子系统

传播子系统是包括时尚展会、时装发布会、艺术展会等方式的子系统。对于时尚的传播与发展而言，展会是不可或缺的渠道之一。作为品牌与消费者的对接口，展会通过重组、集聚，传输主流时尚资讯，提升了时尚传播的正面影响力，构成了推动时尚发展中有效传播与良性评价这尤为重要的一环。其中，米兰国际家具展、米兰国际皮革展、米兰国际鞋类展等国际时尚展会为意大利时尚传播搭建了重要的传播窗口。另外，米兰时装周作为国际四大时装周之一，为意大利的时尚输出贡献了绝对力量，确保了意大利时尚的国际地位。

（四）消费子系统

消费子系统是以有强烈时尚消费意识的中产阶级为主要消费者，以及零售商、广告商为行业补充所组成的。历史上，米兰的贵族曾经是艺术和时尚的主要消费者和资助者。而在二战期间，由于法国高级时装的匮乏，本土客户不得不转向本地出品的服装消费，进而形成一个重要的市场空间。与此同时，上流社会开始资助本土设计师，尤其是女装设计师，在战争期间，本土设计师从罗马贵族那里获得了许多的赞助和支持。悠久的时尚文化底蕴促使意大利消费群体转变消费观念，认可并追求时尚。

（五）评价子系统

评价子系统是包括时尚记者、时尚编辑、各类展会等形式的多方评价反馈系统。意大利的展会业十分发达，尤其在米兰，关于时尚产业的展览不仅规模大，而且大多是世界一流的展览。意大利全国时尚协会（Associazione Nazionale della Moda Italian）主办的每年春秋两季的米兰男、女时装周，更是世界顶级时尚盛会。值得一提的是，创办于 2010 年的 A' 设计大奖①设计大赛是目前世界上规模最大、种类最多的综合性设计大赛，涵盖了时尚领域。A' 设计大奖旨在发掘和表彰世界范围内最卓越的设计、技术和创意，为设计师们提供国际性的展示平台，以此激励设计师、品牌和机构创造出更多优质的产品，从而推动产业发展。

（六）保障子系统

保障子系统是以政府设立时尚产业管理机构和协会机构为核心，与教育院校一同构成的保障子系统。其中，商会尤为重要，其代表企业利益，为企业发展提供服务，并依法调整规范企业行为，以保证市场经济有序发展。政府、商会与行业协会作为管理、协调与发展意大利时尚的三大权力机构，基于三者之间存在的客观联系，从而架构可得意大利时尚权力场域。场域的概念可以理解为是相对独立的社会空间，意大利时尚体系基于三者的相互循环的作用与管制下，得以系统化地运作并良性地推动意大利时尚产业的可持续发展。主要服务于时尚业的行业协会有：意大利对外贸易委员会（Istituto Nazionale Per-il Commercio Estero，ICE）、非政府机构意大利纺织服装产业联合会（Success Motivation Institute–Italian Trade Agency，SMI-ATI）和意大利国家服装协会（Camera Nazionale della Moda Italiana，CNMI）。

四、英国伦敦：贵族文化与创意产业

英国时尚体系主要是以创意文化产业为支撑，借力于强大的政治经济基础，集聚六个子系统的空间构成与交叉运作，形成了与"贵族文化与创意产业"相配伍的英国时尚体系。英国时尚体系包括：创意子系统（以设计师个人、设计师协会与时尚集团等行业组织为核心所构成的子系统）；生产子系统（顺应个性化

---

① A' 设计大奖（A' Design Award and Competition）是全球领先的国际年度设计比赛，也是一项被国际平面设计协会联合会、欧洲设计协会所认可的国际赛事。

定制的创意文化产业链）；传播子系统（杂志、时装周、时尚媒体与社交媒体、数字媒体，以及营销公司等）；消费子系统（以贵族消费群体为主，结合各形态零售渠道与广告商所形成的子系统）；评价子系统（时尚记者、编辑、文化机构、展览等子系统）；保障子系统（以创意设计法案为主要保障，政府、工会与协会等时尚组织以及时尚教育机构为辅，保障时尚创意活动的顺利进行、行业的规范发展和人才的不断补给）。

（一）创意子系统

创意子系统由设计师个人、设计师协会与创意组织等为核心所构成。英国资产阶级革命以前，时尚是仅限于英国贵族阶级的奢靡生活的外在物质表现。18世纪末期的工业革命大大推动了英国的经济发展，雄厚的经济实力奠定了其成为国际时尚中心的物质基础。从20世纪70年代开始，以撒切尔夫人为代表的英国政府将时尚产业提到一个很高的地位，设计师更加受到政府的重视。原本以服装为主的时尚产业逐渐扩展到音乐、电影、广告、珠宝等其他行业，最终在20世纪90年代，英国政府明确提出"创意产业"的概念，至此在英国，创意产业涵盖了时尚产业。此外，英国每年都有富有才华的设计师和时尚管理者加入这个庞大的产业，从而涌现出了一批在艺术、创意和商业上都取得成功的优秀设计师，他们不仅在英国创立了自己独立的设计师品牌，而且为全球的时尚产业服务，使得英国创意产业融合了历史与当代、传统与前卫的鲜明特色。

（二）生产子系统

生产子系统是推崇创新、强调文化艺术的创意文化产业链。文化的积淀是英国时尚产业的根基，英国时尚产业注重保留一些"老字号"，比如英国的国宝品牌博柏利。此外，为了保证创意产业蓬勃发展，英国对创意产业进行了大量的基础研究，尤其强调推崇创新、强调文化艺术对经济发展的支持与推动的新兴思潮和经济实践。1998年，英国政府为了顺应数字化的发展，提出重视数字化对创意产业的研究。与此同时，英国还通过开放更多的博物馆、教育培训课堂，将所有数据档案数字化等措施，培养公民创意生活和创意环境，使更多英国本土生产的创意产品获得认同感与归属感。

（三）传播子系统

传播子系统是包括时装周、时尚杂志、设计艺术节等时尚活动的子系统。18—19 世纪，在英国资产阶级革命和工业革命所带来的社会诸多变化的影响下，英国时尚传播初见端倪。这时出现的时装杂志为今后英国时尚杂志的发展奠定了坚实的基础，主要的时尚杂志有《身份》（*i-D*，1980）、《面孔》（*The Face*，1980）、《年少轻狂》（*Dazed and Confused*，1991）、《坦克》（*Tank*，1988）等。时尚杂志产业隶属于英国文化创意产业体系中的出版业分支，近年来英国时尚杂志产业获得的飞速发展离不开英国政府对文化创意产业的大力支持。在英国文化创意产业风潮在全球蔓延之际，英国时尚杂志走出国门，向更广阔的国际市场迈进。英国时尚传媒集团通过兼并、收购，以优势互补，组成跨地区、跨行业、跨国家的大型出版集团，大大增强了其国际竞争力。

（四）消费子系统

消费子系统是以皇室贵族与中产以上阶级为主要消费群体，结合百货商店、综合性商场，以及邮购、电话订货等等多形态零售渠道与广告商构成的子系统。20 世纪以前，经济、政治等多种因素决定了英国当时的时尚消费群体主要集中在皇室、宫廷贵族、富商、地方乡绅等群体之间，他们的衣着时尚品位影响着整个英国的时尚潮流，并且这种消费行为受到中等阶级和普通市民竞相效仿。从 20 世纪开始，英国的时尚消费群体呈现多样化趋势，同时也为 20 世纪末创意产业的发展奠定了消费群体基础。创意产业的消费系统呈现出以皇室贵族与中产以上阶级为主，前卫个性的街头时尚群体为辅的多元化消费群体，促使英国创意产业不仅积淀了古老传统的英伦文化，而且融合了前卫潮流的当代文化，为英国创意产业发展提供了取之不尽、用之不竭的灵感源泉。

（五）评价子系统

评价子系统是包括时尚大奖、时尚编辑、各类展会等形式的多方评价反馈系统。英国每年设立的时尚大奖吸引着全球的目光，与美国服装设计师协会时尚大奖齐名，有着时尚界的"奥斯卡"之称。英国时尚大奖旨在表彰英国设计师、创意人员、模特在国际时尚界做出的贡献，通过提名颁奖、表彰总结等形式来评价与反馈一年当中时尚大事件，以促进时尚及其相关产业的良性持续循环。

（六）保障子系统

保障子系统是以政府设立文化创意产业专门管理机构与制定产业相关政策为主要保障，与时尚产业相关协会机构和教育院校一同构成的。为了保障英国成为全球创意和时尚中心，英国文化传媒与体育部联合英格兰艺术理事会、英国国家科技技术基金、英国产业技术协会、创新文化技能协会、各行理事会，以及英国税务及海关总署等其他专门管理机构成立并制定政策，以确保创意产业和时尚产业的蓬勃发展。例如，主要的产业保障政策有《英国创意工业路径文件》（1998）、《创意英国——新人才新经济计划》（2008）等。与此同时，英国政府还组织英国时尚协会、英国时尚出口协会，以及主要的时尚教育院校伦敦艺术大学、中央圣马丁艺术与设计学院、伦敦时装学院、皇家艺术学院等共同保障英国创意产业的持续性发展。

五、西方时尚体系的比较分析

西方各个国家的时尚体系由创意子系统、生产子系统、消费子系统、保障子系统、传播子系统和评价子系统这六个子系统构成（表3-1）。但由于西方各个国家的时尚体系之间是跨越时间维度与空间维度的，不同的时尚体系植根于不同的时尚文化，且服务于不同的时尚产业，故各个时尚体系之间也存在着差异性。

表3-1　西方时尚体系的比较分析

	法国时尚体系 （18—19世纪）	美国时尚体系 （20世纪40年代至 20世纪末）	意大利时尚体系 （20世纪50年代至 20世纪末）	英国时尚体系 （20世纪90年代至 21世纪初）
创意子系统	以高级时装设计师为核心，与手工艺者、量体师、匠人和高级裁缝、艺术家等为参与人员所组成	以成衣设计师为核心，与现当代艺术家、时尚从业者等为参与人员所组成	以高级成衣设计师为核心，与手工匠人、高级裁缝、艺术家等参与人员所组成	以设计师个人、设计师协会与创意组织等为核心所构成

续表

	法国时尚体系 （18—19 世纪）	美国时尚体系 （20 世纪 40 年代至 20 世纪末）	意大利时尚体系 （20 世纪 50 年代至 20 世纪末）	英国时尚体系 （20 世纪 90 年代至 21 世纪初）
生产子系统	手工生产为主的高级定制产业链	机械化大批量生产为主的大众成衣产业链	传统手工艺与现代化工业结合的高级成衣产业链	推崇创新、强调文化艺术的创意文化产业链
消费子系统	以贵族阶级为主要消费群体，并逐渐扩展至高级资产阶级、中级资产阶级以及新兴资产阶级，结合高级时装屋、百货商店等零售渠道所形成的消费子系统	以大众消费群体为主，结合专卖店、目录邮购、百货商店、连锁店、工厂直销等多形态零售渠道以及广告商所形成的消费子系统	以有强烈时尚消费意识的中产阶级为主要消费者，以及零售商、广告商为行业补充所组成的消费子系统	以皇室贵族与中产以上阶级为主要消费群体，结合百货商店、综合性商场以及邮购、电话订货等多形态零售渠道与广告商构成消费子系统
保障子系统	以相对完备保护政策（如：1793 年的《共和二年法令》、1886 年的《伯尔尼公约》与 1793 年颁布的《著作权法》等）为主要保障，与行业协会（如：法国高级时装协会）、教育院校（如：法国巴黎高等国际时装设计院校等）一同构成保障子系统	以政府部门的管理机构（如商务部、美国纺织品协议执行委员会等）、扶持项目（如：政府于 1941 年举办的"纽约时尚未来"活动等）与保护政策为主要保障，行业协会机构（如：时尚集团、美国时装设计师协会等）为辅，与教育院校（如：纽约时装技术学院、帕森斯设计学院等）一同构成保障子系统	以政府设立时尚产业管理机构（如：意大利对外贸易委员会下设的时尚产业部门）和协会机构（主要分为地区性商会与行业协会）为核心，与教育院校（如：米兰理工大学、马兰欧尼学院等）一同构成保障子系统	以政府设立文化创意产业专门管理机构（如：英国文化媒体体育部联合英格兰艺术理事会等）与制定产业相关政策（如：1998 年的《英国创意工业路径文件》、2008 年的《创意英国——新人才新经济计划》等）为主要保障，与时尚产业相关协会机构（如：英国时尚协会）和教育院校（如：伦敦艺术大学等）一同构成保障子系统
传播子系统	法国主要的时尚传播方式是以时尚玩偶、时尚版画、时尚杂志、时尚沙龙、艺术展览与博览等	美国拥有众多权威的时尚杂志，是时尚传播的主要媒介，连美国发达的广播传媒、影视艺术、广告宣传也成为传播子系统的重要组成部分	意大利以米兰为中心，具有发达的展会业，除了享誉全球的米兰时装周以外，还有很多展览，位居世界排名第一	英国主要的时尚传播方式有时装周、设计节等时尚活动，以及时尚杂志、时尚展览会等方式
评价子系统	包括时尚记者、时尚编辑、各类展会等形式的多方评价反馈	包括时尚记者、时尚编辑、各类展览等形式的多方评价反馈	包括时尚记者、时尚编辑、各类展会等形式的多方评价反馈	包括时尚记者、时尚编辑、各类展会等形式的多方评价反馈

参考文献

布迪厄，华康德，1998. 实践与反思 [M]. 李猛，李康，译. 北京：中央编译出版社.

布鲁默，1996. 论符号互动论的方法论 [J]. 雷桂桓，译. 国外社会学 (4): 11–20.

凡勃伦，1964. 有闲阶级论：关于制度的经济研究 [M]. 蔡受百，译. 北京：商务印书馆.

姜图图，2012. 时尚设计场域研究 [D]. 杭州：中国美术学院.

齐美尔，2017. 时尚的哲学 [M]. 费勇，译. 广州：花城出版社.

王梅芳，2015. 时尚传播与社会发展 [M]. 上海：上海人民出版社.

第四章

西方区域时尚中心与时尚产业特征

根植于区域范围内积淀的文化内涵与特质，以时尚体系为保障，以各自时尚场域为空间，构成了各具特征的西方区域时尚产业，包括法国高级时装产业、美国大众成衣产业、意大利高级成衣产业、英国创意文化产业等。恰恰是历史的积淀、文化的传承、产业结构基础与经济发展水平，共同决定了区域时尚产业特质。纵观西方时尚发展历程，这种由特定政治、经济、文化背景与消费群体演变驱动的时尚互动，具有很强的时代性和历史必然性。历史经验告诉我们，时尚文化植根于特定的区域时尚体系，服务于对应区域时尚产业发展。可见，时尚文化引领时尚产业迈向高质量发展任重道远，拓宽中国时尚文化建构路径也非学者一人之事，亟须政、产、学、研、商界共同介入，凝练各具特色的区域时尚文化，发挥时尚文化引领时尚产业转型发展的积极作用。

总体看来，中国时尚产业的转型与发展还需要一个渐进过程，需借鉴西方时尚历史经验，积极融入国际时尚市场，归纳本土时尚品牌的时尚文化积淀与创新能力（陈文晖，2018）。应在借鉴西方时尚之都发展经验的基础上，不断引导时尚产业朝数字化、可持续发展方向靠拢，并形成独具特色的中国时尚文化。中国设计师与研究者通过对历史信息的再确认，借鉴西方时尚历史样本与品牌案例，挖掘本民族优秀时尚文化，探讨中国时尚话语权体系建构的可能路径。换句话说，我们可以将时尚文化理解为时尚品牌发展的内在动力，将时尚体系视为时尚品牌生存与发展的时空维度，以时尚产业为经济现象与时尚的外在表征，加以全面理解。

一、法国巴黎与高级时装业

法兰西第二帝国时期（1852—1870年），巴黎成为世界艺术和时尚之都，专注于奢侈品生产与贵族时尚群体。巴黎高级时装最早的开拓者是19世纪的英国人查尔斯·沃斯，此后他引领的宫廷时尚与高级定制时装影响了整个西方时尚进程。沃斯最早创建高级时装屋，而后的几个高级时装屋包括杜塞、波烈等紧随其后。巴黎也逐渐成为西方时尚的唯一中心，法国高级时装被复制并传播到世界各地。此前，高级时装主要是指根据顾客特定的着装需求，进行量体裁衣、手工制作的具有流行元素的定制服装，也被称为高级定制服装。随着时代的更迭，人们的生活方式发生了变化，高级时装本身逐渐被视为一种艺术创作，成为品牌精神的引领与象牙塔的顶端。如今的高级时装品牌涉及领域逐渐延伸至成衣系列的开发及化妆品、时尚配饰等，盈利方式也进行了与时俱进的调整。

回望法国时尚进程，自 1793 年《共和二年法令》颁布，明文规定任何艺术形式和艺术人才在法国领土受到保护，至 2008 年，法国财经就业部在法国工业发展战略总司下设立的纺织服装和皮件工业发展处，专门负责规划相关产业政策和制定相关战略，整合产业生产资源和产业供应链，服务范围不仅覆盖法国的大企业，而且覆盖小企业和微型企业。当下，法国更把时尚产业作为支柱产业，巴黎在实施的 2015—2020 年五年计划中向时装产业注入了 5700 万欧元，制定实施时尚产业发展国际化战略。

（一）法国高级时装产业链

法国的高级时装产业链构成完整，涵盖服装、香水、皮具、化妆品和手工艺品等，从原料获取、开发设计、生产制作到销售，均区别于一般时装产业链。巴黎的时尚产业各部门间便体现了良好的配合和极高的信任度。由于法国高级时装产业发展之初市场机制还不发达，展销会等形式还未出现，纺织原材料厂商及面料商很难直接接触到高级时装业为代表的制衣业，于是面料中间商应运而生，负责两者间的联系。面料中间商给予高级时装屋极大的信任，允许他们随用随拿、分期付款。为了生产出令时装设计师满意的时装，面料商也会根据时装设计师的要求对面料进行二次加工和研发。自 19 世纪以来，巴黎成为整个法国时尚产业设计的中心，云集了来自世界各地的著名设计师和才华横溢的年轻设计人才。伴随着整个时尚产业集群的兴起，在成熟的市场环境的推动下，产业的集中度提升，规模效益显现，形成了时尚产业与时尚消费市场的良性互动。由此可见，法国时尚特有的高级时装产业的高效运作捍卫了法国的时尚地位。

（二）法律保护条例助推产业发展

高级时装一直都被视为法国国宝级产物，法国政府也把这一国宝看作是本国宝贵的文化遗产，对高级时装实施了严格的法律保护：早在 1793 年就颁布的《共和二年法令》中明文规定任何文化艺术在法国领土都应该受到保护。法国于 1973 年成立法国高级时装公会，旨在保护时尚业知识产权，并下设高级时装协会（La Chambre Syndicale de la Couture Parisienne）、高级成衣设计师协会（the Chambre Dyndicale du Prêt-à-porter des Couturiers et des Createurs de mode）和高级男装协会（the Chambre Sydicale de la Mode Masculine）。与此同时，为应对时装设计的抄袭行为，知名法国高级定制时装设计师及由他们组成的行业协会，一边开始呼吁依据 1793 年的著作权法律对原创时装设计进行保护，另一边则开始推行授权模式——将时装设计授权给国内外的时装生产商进行生产，再将授权生产商生产出来的服装授权给当地的百货公司或精品店进行销售（布迪厄等，1980）。根据 1851 年伦敦万国博览会获奖存档报告，高级时装设计师沃斯为其所在公司加葛林·奥普吉斯所设计的几件刺绣丝绸礼服赢得了"高级服装"（upper clothing）类别的金牌。在这次博览会上，沃斯学习到了如何借助世界性的展会推进品牌传播与市场拓展。此后半个世纪里，以沃斯、保罗·波烈、雅克·杜塞、艾尔莎·夏帕瑞丽等为代表的高级时装设计师纷纷登上历史舞台。1900 年，在巴黎世博会上，杜塞等服装设计师的作品应国家政策支持和政府鼓励参展，筹划了"纱线织物与服饰宫展览"（Le Palais des Fils et Tissues et Vêtements）（图 4-1、图 4-2）。法国时尚通过国际展会的形式得到更深层次、更大范围的推广，法国高级时装产业在世界的时尚影响力得以增强，以沃斯、杜塞、保罗·波烈为代表的设计师树立了法国高级时装设计师的形象。在法国，"高级时装"标志同样受法律保护，工业部特设专门委员会每年颁布法令被批准进入的品牌，并明确规定未被批准进入的品牌不能擅自使用。自 1994 年起，文化预算在法国国家总预算中所占比例已经超过 1%，而每年法国文化部预算的15% 则用于高级时装业的发展。

图 4-1　1900 年巴黎世博会上法国　　图 4-2　1900 年巴黎世博会上沃斯时装屋展位
　　　　高级时装展厅

（三）法国高级定制到高级时装产业的转型

高级定制时装最初是为了满足当时的有闲阶级对物质生活的追求而诞生的。19 世纪末 20 世纪初，随着资产阶级群体与工人阶级逐渐登上历史舞台，法国的社会结构、经济、政治、人文思潮发生了日新月异的变化，且不断影响着设计思维与美学范式。拥有大量闲暇娱乐时间的有闲阶级为了凸显自己的身份地位，在高级时装的助力下"争奇斗艳"，以消磨时光（冯洁，2003）。作为时代精神的物质载体之一，高级时装屋的出现，乃至高级时装设计师身份的独立，都反映了这一时期时代变革背后的社会生产与主流审美趣味转变，为应对当时社会对服饰穿着的需求，高级时装产业应运而生。早期的高级时装款式由宫廷的裁缝听从皇室的安排而设计制作服饰，谈不上设计师，更加没有设计的权力与意识。法国高级时装屋及其高级时装设计师在面料的选择上几近奢靡，且款式以夸张为主，需要对应特定的场合配合相应的服饰与着装样式。伴随几次工业革命的科技进步，法国的时尚风潮逐渐影响了其他国家，并成为西方时尚的绝对中心。法国高级时装俨然成为法国文化中的一个重要组成部分，也经常作为法国对外宣传的窗口与文化交流的重要载体。香奈儿（Chanel）、迪奥（Dior）、爱马仕（Hermes）、路易威登（Louis Vuitton）、纪梵希（Givenchy）等法国时尚品牌以"宫廷文化与高级定制"为文化根基，积淀了悠久历史与高附加值，为法国时尚产业，乃至法国国家形象与经济、政治、文化发展做出贡献（Entwistle，2015）。

二、美国纽约与大众成衣业

19世纪中期到20世纪30年代，将近百年的时间里，美国的服装产业进入快速发展阶段，多种时尚发展必备要素不断积聚。至20世纪初，纽约凭借得天独厚的地理位置，在诸多产业因素集聚的推动下成为东海岸的交通枢纽和贸易中心。众多服装生产商、批发商和零售商聚集于此。纽约逐渐占据美国纺织服装产业的主导地位。二战期间制服用量激增、大众成衣业快速发展、近现代纺织技术变革、移民涌入以及女性地位提升，这些因素的叠加催生美国大众成衣市场发展。伴随二战爆发，法国大量高级时装屋被迫关闭，时尚活动无法开展，欧洲设计师艾尔莎·夏帕瑞丽、艺术家萨尔瓦多·达利等众多时尚与艺术人才为逃避战乱所带来的影响，相继逃往相对安全的北美大陆。借助于各类产业人才的涌入，美国本土设计与当代艺术崛起，促使美国时尚产业逐渐完成了自跟风效仿到自主发展的转型，为美国纽约的时尚风格形成奠定了基础。

根据纽约经济发展组织的报告，有900个时装公司将其总部设在纽约，而且纽约拥有美国最大的零售市场，每年产生150亿美元的销售额（New York City Economic Development Corp，2012）。纽约政府自2010年启动"时尚纽约2020计划"，以扶持纽约时尚产业发展。计划中指出时尚产业发展的核心在于产品设计与设计师，并于2012年出台了"创新设计保护法案"对设计师的作品授予版权保护，通过立法与司法保障时尚产业发展。

（一）美国大众成衣产业链

美国的大众成衣产业链分为三个环节：第一环节为原料制备，包括纤维制造、羊毛培育、棉花种植等；第二环节是服装制造，纽约曾是服装制造中心，虽然近年来大量生产加工外移，但是许多服装生产公司的总部与设计中心还是设立在纽约；第三环节是产品营销，纽约拥有广大的时尚产品消费人群、时尚产品的顶级卖场、时尚产品的发布渠道，这奠定了纽约成为世界时尚之都的重要基础。除此之外，众多材料研发部门、设计部门、时尚组织机构、时尚媒体、营销部门、文化设施、商店和服务设施等产业链中的各个相关环节都集聚于纽约，共同推动美国时尚产业的发展（孙莹等，2014；樊姝，2013）。

（二）时尚教育体系助推产业发展

时尚教育机构为时尚产业的发展储备了必要的人才资源，美国的时尚教育虽然起步较晚，但通过对欧洲时尚教育体系的转承式发展，美国现已成为世界上时尚教育体系较为完整的国家之一。美国纺织学校多于 19 世纪后期建立，主要课程设计包括纺织品设计、纺织品染色、纺织品市场管理等方面，以迎合当时纺织产业生产诉求与人才配备需求。位于纽约的时尚机构主要有第五大道的帕森斯设计学院（Parsons School of Design）、第七大道的纽约时装技术学院（Fashion Institute of Technology），以及布鲁克林威洛比大道的普瑞特艺术学院（Pratt Institute）。其中，成立于 1944 年的纽约时装技术学院专注于与时装业相关的艺术、商业、设计、大众传播和技术，为美国时尚产业输送了大批精英人才。

（三）大众成衣品牌引领美国时尚

二战期间，法国巴黎被德国人占领之后，美国对法国的依赖仰望被迫切断，于是，美国转而寻求自身风格。美国也开始致力于挖掘培养自己的服装设计师。从 20 世纪 30 年代起，美国就开始逐渐从购买法国的样衣和样板、受法国时装设计师左右的被动局面中逐渐摆脱出来，并出现了一批本土设计师，如海蒂·卡内基（Hattie Carnegie）、比尔·布拉斯（Bill Blass）、保妮·卡什（Bonnie Cashin）等。其中，如比尔·布拉斯从不认为自己是女装设计师，而是成衣生产者，他把自己的产品以批发价格出售给零售店，而不是直接出售给市民。伴随美国大众市场经济的发展，许多享誉世界的美国成衣品牌涌现，比如卡尔文·克莱恩（Calvin Klein）、拉夫劳伦（Ralph Lauren）、寇驰（Coach）、汤米·希尔费格（Tommy Hilfiger）、亚历山大·王（Alexander Wang）等众多时尚成衣品牌。这些品牌独具匠心的创意和带有美国文化气息的设计，逐渐推动美国纽约成为世界四大时尚中心之一。

三、意大利米兰与高级成衣业

文艺复兴时期，意大利各地区和城市相继成为艺术与创新的中心。新思潮活跃在社会各领域，宣扬人生价值和人性自由解放，追求美饰美物、追求奢华富有的风气日益昌炽，以服饰为外在表现形式的"时尚"概念应运而生。直至二战后，以美国"马歇尔计划"为转折点，意大利时尚得以转型发展。在 20 世纪 50 年代，意大利因为创造了许多引领时尚界潮流和流行于世界的高级成衣而恢复了其在世界时尚界的地位。意大利的高级成衣业以生产舒适、高雅、高品质、富于想象的时尚服饰品闻名，进而奠定了意大利时尚风格。意大利时尚产业的特征与法国、美国和英国不同，缘于意大利人喜欢购买风格永存、舒适度高、质量好的服装。意大利的时装设计师在创造实用性和功能性的服装和配饰方面有着出色的表现，对生产服装所用的原材料有着严格的要求。

意大利政府注重时尚产业与时尚品牌培育，以政府行为在国外出资为意大利本国设计师举办时装发布会，旨在推广意大利时尚文化。意大利政府通过系统的研究分析，结合区域时尚产业特征，制定意大利时尚产业发展规划。与此同时，意大利的时尚行业协会承担着某些政府职能，做好对企业的咨询服务、信息交流、中介服务等，促进企业的信任与合作（车玲，2018）。

（一）意大利高级成衣产业链

意大利的高级成衣虽不像高级时装那样强调艺术和定制，但保留了经典又不乏味的剪裁，强调富于创新却不矫揉造作的设计。文艺复兴时期所创下的辉煌成就并没有随着时代的进步而被人们所遗忘，与之相反，艺术文化的传承更是在意大利高级成衣中得到了体现。经过多年发展，意大利高级成衣产业已经形成了完整构架：一是设计独具风格，意大利成衣设计师善于进行小规模手工制作生产，设计出品质精良、制作工艺水准高的成衣；二是生产不断创新，企业之间相互作用、分工明确，大、中、小型企业经过合作共存、协调发展，形成了成熟完整的产业链；三是销售网络完善，以展示中心为基础的意大利高级成衣销售网络遍布全球，日趋成熟的米兰时尚会展业也吸引着全世界的媒体和买手。

（二）政府与行业协会助推产业发展

意大利的时尚产业管理有其自身的特点，政府、行业协会在时尚产业的发展中起到了重要作用。首先，意大利政府注重本国品牌的培养，形成了完备的时尚产业政府管理体系。意大利政府并不直接干预国家时尚产业的发展，而是通过专项资金资助及制定相关政策支持商会来进行对于国家时尚产业的管理。对于时尚相关行业协会，政府也仅仅是制定统一标准来进行等级认定，从而规范时尚产业市场的标准化、体系化。除了政府之外，米兰的商会和行业协会也是意大利时尚产业发展的重要环节。在米兰，不同形式的企业合作组织和行业协会齐全。主要协会有米兰商会、意大利纺织服装产业联合会、意大利国家服装协会、意大利奢侈品制造商协会等。

（三）高级成衣品牌引领意大利时尚

意大利的高级成衣品牌及相关企业作为传播时尚的媒介，为时尚产业的可持续运作提供支撑。意大利孕育了众多百年历史的世界一线品牌，且这些品牌与设计师之间存在密切联系，致使在意大利大多数品牌是以设计师的名字来命名的，设计师不仅掌管品牌设计，而且是品牌的创立者和经营者，负责品牌的运营工作。意大利主要的高级成衣品牌有：乔治·阿玛尼（Giorgio Armani）、古驰（Gucci）、范思哲（Versace）、芬迪（Fendi）、普拉达（Prada）、华伦天奴（Valentino）等。这些高级成衣品牌将意大利的历史文化融入时装中，使得消费者不仅可以从时装中看到现代的风格，而且可以感受到艺术文化所带给人们精神上的享受（圭里尼等，2016；赖世平，2015）。

四、英国伦敦与创意文化产业

从 17 世纪开始，英国贵族阶级倡导传统文化与自我存在的价值观，追求品位与人性化的生活方式，使得英国形成了与众不同的贵族文化。至 18 世纪60 年代，英国率先展开了工业革命，在生产领域和社会关系方面引发根本性转变，包括英国在内的西方资本主义国家的时尚产业也由单一的只为贵族阶层服务，逐渐转向兼顾服务于新兴资产阶级群体。

20 世纪 90 年代以来，英国将文化发展纳入国家政策中，制定了文化发展战略。英国政府对经济产业结构进行了大刀阔斧的调整，英国创意文化产业在这样的背景下应运而生。1998 年，英国政府出台《英国创意产业路径文件》，提出以"创造性"为价值导向的国家产业政策，意在推动英国经济的可持续发展。

在此之后，英国政府为推动创意产业的发展相继出台了诸多相关政策。2003 年，伦敦市政府出台了关于伦敦创意产业的发展战略《伦敦文化资本——市长文化战略草案》，提出了卓越、创新、参与、有价值的新世纪文化创意产业发展方针，并做出了一系列创意产业扶持措施。2018 年，英国政府推出了《创意产业：行业协议》。由创意产业委员会领导的英国创意产业委员会在文件中阐述了创意产业将如何从政府和产业支持中受益，以保持英国创意产业的全球领先地位。

（一）英国创意文化产业链

英国的创意文化产业通过将教育、设计、生产、销售、推广等环节有机结合起来，建立起一条完整而又相互联系、相互制约的商业化的产业链。英国创意文化产业中各组织通过制造供应商和零售商连接形成产业结构网络，并在生产活动中创造以最终消费者所得到的产品和服务为表现形式的价值。然而，产业化的创意活动不仅在于其强大的物质积累效应与就业拉动作用，而且在于其强大的外溢效应与关联效应。在英国创意文化产业中，伦敦设计节（London Design Festival）是伴随英国创意文化产业而生的。在政府、设计部门和领先设计企业的支持下，伦敦设计节为创意设计人才提供了最佳的平台，同时设计节期间还举办了 200 多个特别的设计创意集市和相关活动，充分展现了英国作为世界创意中心的地位。除了制造供应商和零售商之外，政府部门、教育机构、模特公司、媒体、各类公关公司和推广机构也在英国创意文化产业链上占据着重要的环节。

（二）政府与设计政策助推产业发展

政府是推动产业发展的重要力量，政府有责任营造一个适宜产业发展与商业竞争的良好外部环境。在创意产业的发展历程中，英国政府始终坚持"两只手"的运营模式。

一方面，英国政府坚持自己强有力的"看得见的手"，通过政策、法规、税收及其他手段表现自己有利的一面。但是政府并不直接介入到创意产业的发展实际中，而只是通过采取各项政策、研究报告的方式参与产业管理。20 世纪 90 年代以后，英国进一步加大并规范了产业发展的步伐，开始推行"新文化政策"，力促英国的著名博物馆免费开放，以增强艺术在国家生活中的地位与作用，英国创意产业在这样的背景下应运而生。英国政府又于1997年提出了"新英国"计划以彻底改变英国的面貌，意在发展以创意产业支撑的现代城市。2003年，英国政府提出的《伦敦：文化资本——市长文化战略草案》则更为明确地提出要将伦敦建设成为世界级的文化中心。2018年，英国政府推出了《创意产业：行业协议》（Creative Industries: Sector Deal），在文件中阐述了创意产业将如何从政府和产业支持中受益，以保持英国创意产业的全球领先地位（叶红，2011）。

另一方面，英国政府通过形式多样的中间组织参与管理。鉴于创意产业的门类较广泛，产业之间差异较大，在统一的政策下难免会出现偏差，因此政府雇用了大量的中间组织。这些中介组织的主要任务在于搭建政府与企业交流的平台，从而帮助和指导那些由个人创意行为发展起来的中小型企业将创意产品推向市场，逐步形成市场、企业及个人多方共赢的局面。创意产业的运营管理，包括对创意企业的审核、认定、监督，一直到人才的培养和资金支持，全部也交由中间组织负责。同时，这些中间组织也接受政府部门的指导和监督，及时反馈创意产业在市场中的效果如何。

（三）创意设计品牌引领英国时尚

英国伦敦是时尚先锋的聚集地，尤其是政府推出创意产业并将其作为本国发展政策以来，英国涌现出一批优秀的全球时尚引领者。譬如，朋克之母——薇薇安·韦斯特伍德，20世纪90年代末期的时尚三剑客——亚历山大·麦昆、约翰·加利亚诺、侯赛因·卡拉扬（Hussein Chalayan）等设计师不仅带动英国时尚业走向世界舞台，而且引领全球时代潮流。时装设计属于创意产业的一大范畴，时装设计产品即属于创意产品。在政府创意产业政策的引导和推动下，英国服装设计师创意理念与创意产业时代发展理念逐渐趋于一致，涌现出一批引领时尚潮流的创意设计品牌。这些品牌不断开发新面料、研发新产品，使时装设计与前沿艺术思潮、艺术表现、市场、商业需求相互结合，兼顾创意产业新理念，将文化、科技、创意与商业融合，以实现协同时尚创意与社会经济效益的统一发展。

参考文献

车玲，2018. 论意大利时尚产业文化 [J]. 艺术品鉴 (23): 180–181.

陈文晖，2018. 中国时尚产业发展蓝皮书 [M]. 北京：经济管理出版社 .

樊姝，2013. 纽约文化创意产业集聚区发展经验及对北京的启示 [D]. 北京：北京服装学院 .

冯洁，2003. 19 世纪末 20 世纪初 "美好时期" 西方时尚分析 [J]. 南京艺术学院学报（美术 & 设计版)(1): 105–109.

圭里尼，杰罗萨，2016. 推陈出新：新世纪前十年的意大利设计 [J]. 装饰 (6): 22–31.

赖世平，2015. 意大利时尚产业的基因和传承 [J]. 中国商界 (1): 80.

孙莹，汪明峰，2014. 纽约时尚产业的空间组织演化及其动力机制 [J]. 世界地理研究，23(1): 130–139.

叶红，2011. 英国时尚创意产业的启迪 [J]. 纺织服装周刊 (3): 96.

Bourdieu, Pierre, 1980. Haute Couture et Haute culture [J]. Question de Sociologies, Paris: Les Editions de Minuit.

Entwistle, Joanne, 2015. The fashioned body: Fashion, dress and social theory [M]. New York: John Wiley & Sons.

New York City Economic Development Corp, 2012. Fashion NYC 2020[R].

第五章

西方时尚中心及其转承互动

19 世纪前后，时尚文化、生产方式、消费群体、设计思潮的骤变引发了时尚历史发展脉络与时尚中心地域空间的转变。回望西方时尚，西方时尚的历史进程中经历了多次时尚中心转移，这些转移多由特定事件、关键性人物诱发，是多种时尚力量共同作用的结果，也是时尚历史进程的必然发展。宫廷时尚自 17 世纪在凡尔赛宫萌蘖，始终服务于法国的政治、经济、文化发展。美国自 19 世纪纺织教育项目东部沿海布局起，到曼哈顿服装区建立，再到以二战为契机集聚技术、劳动力、艺术、文化、政治、经济、教育诸要素，从对欧洲时尚的仰望依附到转而寻求自主创新，逐步建构了以"流行文化与大众市场"为特色的美国时尚文化。其间，美国政治经济的快速发展是主因，战争引发的人才、技术转移与价值观演变则是助推剂。纽约时尚体系的建构发展及其与欧洲时尚的互动联系，是西方时尚历史进程中的鲜活样本。我们以时空交叠、纵横交错的综合性研究视角回望西方时尚历史进程，通过对既定事实的再挖掘、对历史数据的再发现，探讨时尚中心转承的契机与要素，为正在形成中的中国大众流行文化提供参考。

一、西方时尚中心的转承互动

法国巴黎以自身社会时尚为底蕴，成为 19 世纪以来绝对的世界时尚中心，法国时尚辐射并驱动了欧洲多元时尚中心的发展态势。意大利基于纺织产业链的建构与先进制造技术的引进，定位于全球高级成衣市场，形成了依赖于完备产业链与意大利历史文化底蕴的意式时尚风格。英国以率先完成第一次工业革命为契机，其工业生产水平与国家实力的迅速增长使其在欧洲地区的地位逐渐反超法国，其他国家也相继在生产力发展中带动时尚的发展，欧洲时尚的发展进入了百花齐放的阶段。随着第二次工业革命的迸发，美国积极吸收欧洲工业发展成果，从而推动了自身的工业化进程。至 20 世纪 30 年代，由于航运和移民而聚集在纽约下东区的纺织产业逐渐向东迁移，形成了各方面趋于成熟的曼哈顿服装区，但此时美国时尚的设计灵感主要来源于欧洲时尚。以二战的契机，美国时尚产业逐渐从对欧洲时尚的仰望依附转承为独立的时尚风格，进而完成了综合艺术、文化、技术、商业的时尚产业转型。至此，西方时尚中心之间的互动联系俨然清晰，并呈现出一种转移承接的特殊关系。时尚中心的转承互动往往由特定社会事件驱动，看似偶发，实则是西方时尚演进的历史必然（图 5-1）。

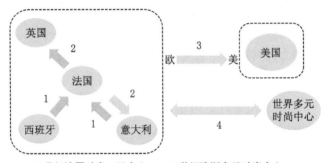

1.17世纪法国时尚一元中心；2.18世纪欧洲多元时尚中心；
3.19世纪欧美时尚中心转承；4.20世纪世界多元时尚中心。

图 5-1 西方时尚转承互动的历史进程

（一）17 世纪以来的时尚转承——法国唯一时尚中心

17 世纪以前，资本主义萌芽首先出现于意大利。新兴资产阶级为了维护和发展自己的政治、经济利益，在意识形态领域率先展开反封建斗争。受到资本主义萌芽的影响，贵族阶级强烈地感受到来自市民阶层上层集团的威胁，便越发强烈地要求自己同市民阶层区别开来。在新的生产力与新兴资本主义生产关系的产生与相互作用下，促进了社会经济的繁荣和都市生活的富庶。在此经济基础上，文艺复兴的新思潮活跃在社会各领域，宣扬人生价值和人性自由解放，大肆鼓吹现世的享乐和现实的幸福。时尚于意大利发端，以文艺复兴运动的扩散为主要驱动力量，当时某一样式在意大利最先出现，随之风靡欧洲，欧洲时尚发展以意大利、法国、西班牙等西欧各国为代表呈多元中心发展。直至 17 世纪法国路易十四时期，在强盛的国力支持下，在特有的宫廷政治文化驱动下，法国逐渐成为欧洲时尚唯一中心，并延续至 18 世纪，完成了多元时尚中心向法国巴黎集聚的转承进程。

（二）18 世纪以来的时尚转承——欧洲多元时尚中心

18 世纪的欧洲时尚以宫廷为中心，宫廷时尚随着宫廷社会而来。宫廷社会随着固定宫廷的出现逐渐形成，固定的宫廷的出现意味着社会和文化中心的形成，正如约阿希姆·布姆克 [①] 所说："固定的宫廷对于文学史来说意义重大，因为固定的诸侯宫廷作为社会和文化中心有巨大的影响力。"君主将贵族吸引到自己身边，使宫廷成为权力的中心、文化的中心，也成为娱乐的中心，品位传播的中心。在法国，自 17 世纪凡尔赛宫建成以后，法国宫廷即成为这个国家的政治、文化、艺术中心，对宫廷社交生活的严格规范与绝对重视也随之成为法国国王的政治手段之一。凡尔赛宫在路易十四到路易十六执政期间，成为宫廷文化中心与权力中心，代言了 17、18 世纪的法国时尚风格。在英国，随着 18 世纪中期率先完成第一次工业革命，以纺织技术与机械化生产为发端，新兴工业与综合国力超越法国，进一步打破了法国时尚在欧洲的绝对话语权，自此欧洲时尚呈现多元中心的发展态势。

（三）19 世纪以来的时尚转承——欧、美时尚转承发展

自 1871 年普法战争结束到 1914 年第一次世界大战爆发，欧洲迎来了将近四十年的和平。此时的西方经济处于从自由竞争时代向垄断资本主义发展的过渡阶段，欧洲进入"美好时期"。随着工业革命的深入，资本主义经济开始发生重大变化，资本主义生产社会化的趋势加强。这一时期，工业化进程与消费市场转变共同推动了西方时尚发展。到了 19 世纪末，美国以其东部沿海的纺织产业与教育项目布局为契机，吸收欧洲工业革命成果与人才、产业、艺术植入，不断集聚时尚力量，初步建构了以"流行文化与大众市场"为特征的美国时尚体系雏形。工业革命以后现代纺织工业化生产快速转型，为大众市场建构奠定了坚实的物质与技术基础，为欧、美时尚实践转承提供了经济与体制保障。

[①] 德国历史学家约阿希姆·布姆克（Joachim Bumke），著有《宫廷文化》，其书中对中世纪盛期的贵族社会、社会等级制度、法兰西贵族文化在德意志的传承、服装与衣料、宫廷节庆与社交礼仪、宫廷贵妇及其形象等内容进行了研究与描述。

（四）多元互动的西方时尚历史进程

20 世纪以来，战争与革命成为时代的主旋律。欧洲成为二战的主战场，此时的时尚中心巴黎受到纳粹党的封锁，大量高级时装屋被迫关闭，时尚活动无法顺利开展，巴黎作为时尚中心的地位岌岌可危。与此同时，欧洲众多艺术家、文学家为逃避战乱所带来的影响，相继逃往相对安全的北美大陆，并以美国为主要目的地。借助于各类产业人才的涌入与支持，美国本土设计与当代艺术崛起，促使美国时尚产业逐渐完成了从跟风效仿到自主发展的转型。此后，世界各国之间联系日益密切，时尚呈现多元化态势，形成了各具特色的世界多元时尚中心。

二、时尚中心的转承驱动力

西方时尚可追溯至古罗马、古希腊时期，并以中世纪的文艺复兴为萌蘖，在意大利孕育了最初的时尚概念。17 世纪，路易十四时代"以法国宫廷文化"为核心的法国时尚体系逐步建构，而后逐渐影响整个西方世界，巴黎遂成为当时西方时尚的唯一中心。而后，以英国率先完成第一次工业革命为拐点，19 世纪的欧洲时尚由法国绝对时尚中心向欧洲多元时尚中心扩散。19 世纪中期工业化的转变标志着时装行业的兴起，时尚杂志为代表的时尚媒介与生产技术演变推动下，具有现代意义的时尚开始在世界范围流传。

创造力和工业生产水平的提升共同推动欧洲时尚的发展。美国率先开始第二次工业革命，借助电力技术，美国主动调整东部沿海地区纺织服装产业布局，并积极吸收欧洲时尚发展经验。19 世纪末，全球一体化加剧使得信息传播愈加便捷，各国时尚的交流也愈加频繁。到了 20 世纪初期，工业进步和新发明继续推动了制造业和商品零售业的发展。以二战为契机，欧美经济体制骤变，美国时尚产业逐渐从对欧洲时尚的仰望依附转向自身时尚风格的形成，进而完成了综合艺术、文化、技术、商业的美国时尚转型。结合美国当代艺术、文化与商业发展，形成了以"流行文化与大众市场"为特征的美国时尚体系。

恢复战后国家经济成为 20 世纪中期的全球发展主旋律，欧美国家形成了以美国为中心的资本主义联盟。为促进西欧诸国战后恢复，迅速发展经济，美国实施了欧洲复兴计划暨马歇尔计划，欧美经济、文化、政治等方面交流进一步加强。人们对服饰的渴望孕育了时尚的形成，对时尚需求的日益增长促使了时尚的产业化发展。被誉为全球"创意产业之父"的英国经济学家约翰·霍金斯认为时尚产业"具有很强的竞争力和创造性倾向，是一个国家未来经济发展中最重要的增长点之一"。遂形成体系发展的时尚文化与时尚产业的互动成为欧美经济沟通的重要桥梁之一，全球主流价值观的改变亦使欧洲地区的时尚风格开始借鉴美式潮流文化的相关元素，以强劲的国家影响力为传播纽带的美国时尚回溯并影响欧洲各国（图5-2）。

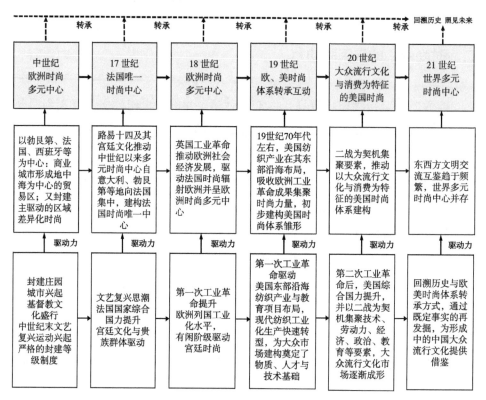

图 5-2　西方时尚转承互动的历史进程

以时尚文化、生产方式与具体时尚现象为研究对象，我们不难发现，中世纪以来，到 17 和 18 世纪，再到 19 世纪，然后到 20 世纪，直至 21 世纪，各个时期时尚中心在西方的数次转移实际上是对于区域政治、经济、社会变化的反映与逻辑发展必然（图5-3）。

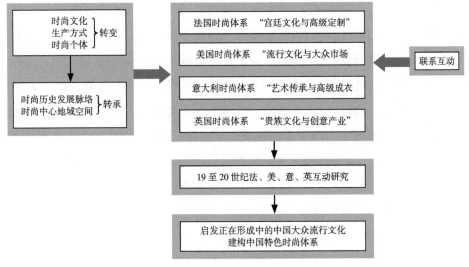

图 5-3 西方时尚转承模型

三、时尚中心的转承基础

西方时尚中心之间存在着跨时空的转承关系，尤其是欧、美之间的转承互动俨然清晰。通过对时尚中心的研究，其成功的经验值得学习与借鉴：对标西方时尚历史样本，不难发现每一个时尚中心都以时尚文化为支撑，时尚体系为保障，能够高质量推动区域时尚产业发展。其中，包括时尚群体、时尚传播、时尚教育、时尚保障、时尚个体、时尚展览与评论等每个环节作为转承基础，互相发挥作用，缺一不可。

（一）时尚群体

时尚是一种特殊的存在，产生于人类对于个体差异与群体认同的双重诉求，作用于区分群体与持衡个体。时尚不但始终处于产生和消失之间，而且处于在减少差异性后又建立差异性的循环往复中。德国著名的学者西美尔[①]认为，人类是通过模仿来满足同一群体对自己的认可，并由此区分于其他群体的。社会

---

① 格奥尔格·西美尔（Georg Simmel），德国社会学家、哲学家。西美尔是 19 世纪末 20 世纪初反实证主义社会学思潮的主要代表之一。他反对社会是脱离个体心灵的精神产物的看法，认为社会不是个人的总和，而是由互动结合在一起的若干个人的总称。他把社会学划分为一般社会学、形式社会学和哲学社会学三类。

群体具有阶层性,不同阶层的时尚也是截然不同的。时尚的阶层性促发了不同的时尚传播模式,可以被归纳为下传、上传和水平传播三种主要形式。当我们梳理时尚媒介发展历程与主要服务对象时,可以清楚看到这样一种转变,从时尚玩偶与贵族群体,到时尚插画与风雅生活,从时尚杂志与读者群体,从数字媒体与大众群体,时尚的传播范围与时尚群体一再扩展。每一个阶段的时尚群体引领着当时最前沿的时尚,并且驱动了时尚体系的孵化建构和良好运作。

18世纪的法国宫廷是西方文化与权力的中心,贵族群体是当时世界时尚的驱动者。例如,法国国王弗朗索瓦一世以及查理斯五世,这些人引领当时最前沿的时尚。他们不仅分别资助了霍尔拜因①、达·芬奇②和提香③等艺术家,而且竞相攀比华丽的服饰。伴随着19世纪法国高级时装屋(haute couture house)的出现,由皇室权贵、社交名媛、女演员、资本家构成的有闲阶级群体作为时尚偶像和意见领袖,在以社交场合为舞台的19世纪时尚传播中拥有绝对的时尚话语权。19世纪的法国巴黎是欧洲乃至世界唯一的艺术和时尚中心,象征着格调与卓然品位。法国的摩登时尚文化也在这一时期萌芽并发展,逐渐衍生出其近现代时尚体系。

20世纪以来,伴随着移民大量涌入美国,美国文化的多元性更加突出。由于第三产业的发展和人们生活水平的普遍提高,美国的主流文化发生了变异,以下层民众为主体的消费观念、娱乐兴趣和自我实现的思想流行,于是,大众文化在美国社会逐步取得主导地位,构成美国文化的主体部分,成为当代美国文化的突出代表。在美国,大众消费社会出现以后,新中产阶级崛起。他们反对传统的价值观念和旧的生活方式,追求物质享受的新的生活方式。可以说在受到资本主义经济与工业革命的冲击后,生产技术变革,社会财富得以重新分配,政治、经济、文化的支配地位逐渐被日益富裕的资产阶级掌握,宫廷贵族

---

① 霍尔拜因(Holbein)父子,均是德国画家,出生于奥格斯堡。老汉斯·霍尔拜因(1465?—1524年)所处的时代是一个过渡时期。他的绘画作品,首先是后期的哥特式风格,后来的绘画风格显示出受到意大利文艺复兴的影响。小汉斯·霍尔拜因(1497—1543年)尤以深入而又庄重的肖像画闻名。小霍尔拜因跟随他的父亲学习绘画,1536年又成为亨利八世的御用宫廷画家。

② 列奥纳多·达·芬奇(Leonardo da Vinci),意大利文艺复兴时期画家、自然科学家、工程师,与米开朗琪罗、拉斐尔并称"文艺复兴后三杰"(又称"美术三杰")。

③ 提香·韦切利奥(Tiziano Vecelli),英语系国家常称呼为提香(Titian),是意大利文艺复兴后期威尼斯画派的代表画家。

开始逐渐退出历史舞台，时尚消费群体开始由贵族消费群体向大众消费群体转变。同时，人们的生活方式与时尚观念随之改变，构成了以"流行文化与大众市场"为特征的美国时尚体系。

（二）时尚传播

时尚之所以形成，是因为借助于一定的传播方式，而传播的载体被称为时尚媒介。回溯于时尚的历史长河中，可以看到传播方式的演化历程。19世纪以前，没有先进的科技支持，裁缝和高级时装设计师往往通过报纸、杂志以及时尚玩偶来传递流行讯息，但最初的传播涉及面非常有限，有时仅仅局限于很小的范围。随着科技的发展，全球化的蔓延及信息时代的到来，时装周、数字媒体等新媒体传播方式出现。随着互联网对下沉市场的不断渗透，时尚也打破了其单一的阶级（层）性与市场性，其传播方式也不再是单向传播，而是演变为多方面、多渠道、多流向的复杂传播。从传播结构出发，时尚偶像不再是单一的、少数的、高阶级的精英群体，大众消费者也逐渐加入时尚偶像的群体当中去。其背后所发生的是高级时装概念的普及与街头流行文化的盛行，时尚与时尚传播也随之从一元的传导路径转换为多元化跨领域的传导路径。

依据图5-4的结构梳理与简化提炼可得知，时尚传播由贵族阶层与精英阶层，将该阶层原有信息源进行编码，通过多维度、多渠道的传播媒介，最后转译向中产阶级传播。在19世纪，这一传播方式的传播效率仍然受到外界影响，信息传递片段化现象频出。而当下而言，随着传播媒介的数字化与信息化、传播方式的不断丰富，时尚信息的传播路径已进入多元化的发展阶段，传播对象从单向传播转变为双向传播，大众消费者既接收时尚信息也发出时尚声音，精英阶级作为原本的时尚倡导者也不断接受来自大众消费者的时尚观念。同时，当代传播媒介在进入数字化的同时也基于传统的传播媒介如：纸媒、广告牌等进行新兴、传统再统一的传播渠道整合。而其中，以网络明星为代表的意见领袖（key opinion leader，KOL）在时尚编码与译码的环节中起到越来越重要的作用。新浪微博、微信公众号、抖音短视频、小红书等新媒体不断丰富数字化的时尚传播方式与消费者的选择。

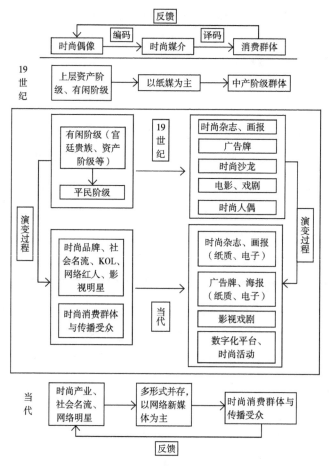

图 5-4　时尚传播发展演变过程

1. 时尚玩偶

时尚玩偶（fashion doll）也被称为"潘多拉娃娃"（pandora doll），源于 14 世纪末的法国，一直持续流行至 19 世纪。时尚玩偶特殊的触觉与视觉感受无法融入绘画之中，也无法用裁剪来表达，因此整个欧洲的宫廷贵族都使用木质的时尚玩偶来表现时兴的服饰风格（图 5-5）。每当一个新的服装款式问世时，通常需要两个时尚玩偶组合表现，"大潘多拉"包括从头到脚的全套服饰并呈现服饰形制，包括发型、妆容、配饰和服饰，而"小潘多拉"则是侧重配套穿着的服装内饰。几个世纪以来，时尚玩偶风靡整个欧洲，由法国宫廷送至各个国家的宫廷之中，欧洲各国十分依赖来自法国的时尚趋势。直至 19 世纪，时尚玩偶逐渐由裁缝师、磨坊主和时装商人生产使用，并陈列在店铺的橱窗之中，使其作为一种服务宣传的广告。顾客可以从各种时尚玩偶中挑选出图案或是风格，然后确定面料、辅料和装饰细节，最后由裁缝根据要求和规格制作出来，这种方式遂成为早期个人定制的形式之一。随着印刷技术的极大发展，时尚玩偶不再是主流的传播媒介，而更多地被用作儿童玩具，以供富裕家庭的孩子玩耍。而现如今的时尚玩偶在材料方面也从原来的木质转向为陶瓷材料，被当作一种可收藏的古董工艺品。

图 5-5　时尚玩偶"Vivienne"（法国 1885—1886 年）

（图片来源：英国维多利亚与艾伯特博物馆官网）

2. 时尚杂志

18 到 19 世纪，时尚杂志逐渐成为时尚信息传递的重要媒介，并且是时尚水平传播最主要的载体之一，其内容涵盖文化生活的方方面面，如服装、旅游、休闲、美妆等，如今很多时尚杂志办刊流行更是趋于全面化与多元化。从时尚杂志看，传播媒介对时尚传播的意义主要有以下几点：①加速了流行，这一媒介功能使用得最频繁，刊登于时尚杂志上的时装插画及时传递时尚资讯，加快了时尚的传播速度，同时也缩短了流行周期；②引导了审美方向，杂志推广的是时新的生活理念和装扮技巧，当女性去参考和借鉴时，也逐渐改变了她们的审美观；③进入消费时代，时尚杂志引起了更广泛消费人群的兴趣，并且在时尚摄影的助力下，这些杂志和大众媒体的时尚广告在各个时尚城市甚至各个国家中广泛流传，为时尚产业培养了大量时尚产品的消费者。

世界级时尚杂志主要有 *Harper's Bazaar*、*Vogue* 和 *WWD* 等，它们为时尚产业创造了世界性的关注。作为美国代表性的杂志，1892 年发行的综合性时尚杂志 *Vogue* 出版至今已经有 120 多年的历史，其内容涵盖了时尚美妆、运动、旅游、艺术、家装等，曾被《纽约时报》（*The New York Times*）评为"世界最具影响力的时尚杂志"。*Vogue* 的主编安娜·温特（Anna Wintour）也被评为时尚界权威的人物之一。前编辑埃德娜·蔡斯（Edna Chase）说："*Vogue* 的目的是向美国其他地区的女性展示纽约聪明女性所购买的东西。"*Vogue* 为消费者及整个行业提供了时尚、美妆、生活方式及流行趋势等。作为时尚传播的媒介，杂志在时尚产业中发挥了重要的作用。*Harper's Bazaar* 是更早出现的时尚杂志（图 5-6），创立于 1867 年。它给女性提供了从成衣到高定最新的、最好的搭配资源，展示了世界上最有远见的造型师和才华横溢的设计师，为读者提供了一个视觉上令人惊叹的时尚和美丽世界的写照（芭莎杂志官网，2020）。除了 *Vogue* 和 *Harper's Bazaar*，*WWD* 最开始创立时是报道当时女装工人罢工的新闻，随后也被称为"时尚的圣经"（Horyn，1999）。如今，*WWD* 为男性和女性的时尚、美容和零售行业提供有关不断变化的趋势和突发新闻的信息和情报，其读者主要由零售商、设计师、制造商、营销商、广告代理商、社交名流和潮流制造商等组成。

图 5-6　最早在美国发行的 *Harper's Bazaar* 杂志（笔者摄于纽约大都会博物馆）

作为东方时尚杂志的代表《玲珑》（图 5-7），是对西方时尚观念与人文思潮的中国解读，是向中国的妇女（上流社会、知识女性）传递西方时尚的一本中国本土化时尚杂志。《玲珑》的内在思想实则是在引导中国20世纪30年代女性思想的觉醒，其也深受彼时西方女权运动的影响。通过对《玲珑》内在与外在的剖析，我们观察到，时尚——无论西方影响下的书写服装、意象服装抑或是符号意象下的女性思想，通过《玲珑》这一时尚媒介进行转译与传播，一方面推动着社会消费，另一方面也引导着女性自我意识的觉醒。同时，通过本土化的符号二次表达与转译传播彼时较为先进的生活方式。

图 5-7　东方时尚代表杂志《玲珑》
（图片来源：哥伦比亚大学图书馆）

3. 时尚活动

时尚活动包含了传统社交活动、艺术沙龙、时装发布会、时尚剧场等，均是传播时尚观念的人际传播渠道。纵观19世纪的西方时尚，各类形式的时尚活动成为上流社会维系人际关系的重要方式，也是传播时尚、催生时尚的重要机制。在19世纪，每一场时尚活动都围绕着名媛贵族的穿着打扮、行为方式和思想观念进行，那些极具时尚话语权的时尚偶像对资讯拥有绝对的控制权。以查尔斯·沃斯为代表的高级时装屋诞生后，设计师驱动的时装发布会成为了时尚传播的重要媒介形式之一。高级时装设计师通过参与服装制作、时装发布会来传播时尚，除了设计师之外，其他时装生产商、广告商和营销人员，通过各类时尚活动的参与在时尚传播过程中也做出了重大贡献。

4. 影视广告

影视广告作为一种传播媒介指录编、传送和接收声音和活动图像信息的电子媒介，电视与电影艺术首先介入了人们生活中的听觉、视觉同享的媒介形式，由于其画面的吸引力，不仅提升了时尚传播的直观艺术效果，而且促进了电视对于传统纸媒受众的资源争夺。影视广告作品在 20 世纪经历了从无声到有声、从黑白到彩色的转变，最大特征为形象传神、信息易被理解、可信度与权威性高，并成为各大高级时装品牌的重要传播方式。因此，以时尚文化为根基的各类影视作品层出不穷，通过特定广告的框架内将消费者和时尚文化构成的世界结合在一起，其典型代表为《蒂凡尼的早餐》（*Breakfast at Tiffany's*）。

5. 网络新媒体

网络新媒体主要包括互联网、移动智能手机、数字电视等一切基于网络技术相互连接的设备。网络新媒体的迅速崛起，既有深刻的历史缘由和技术基础，又有其必然的社会因素，其发展使得时尚消费群体迅速扩张，融合了多种传统媒介于网络之中。与此同时，数字媒体具有更为灵活的互动性，摒弃了传统媒介单向性交流的缺陷，其显著特征为综合性、互动性和便捷性。在这样的背景下，它带来的受众的细化以及"自媒体"的出现，为时尚传播提供了更丰富、更多样的选择。网络新媒体彻底改变了人们的消费方式，尤其是在时尚行业。譬如，Twitter（现 X）、Facebook、Instagram、Pinterest 这些来自美国的社交媒体，大大改变了纽约时尚产业的创意、传播甚至零售体系。社交媒体上大量的信息以及曝光量改变了设计师的设计方式，社交媒体彻底改变了品牌与消费者之间关于时尚的对话，消费者可以在品牌的官方账号上了解品牌动态，品牌可以根据需求随时随地在任何平台上获取趋势。时尚博主作为社交媒体时代的产物，对时尚界产生了巨大的影响。

（三）时尚教育

时尚教育机构是各个时尚产业、时尚相关机构培育并输送人才的重要通道，为时尚产业的发展储备了必要的人才资源，更是时尚设计、研发和推广的核心力量。时尚教育创造了时尚体系建构的先决条件，并保障了整个时尚体系后续运转的循环往复。意大利在时尚领域的教育享誉全球。以马兰欧尼时装设计学院（Istituto Marangoni）为例，其作为欧洲顶级时尚教育院校，与伦敦时装学院（LCF）、巴黎时装学院（IFM）和纽约时装技术学院（FIT）并称"全球四大著名时尚学院"。而成立于意大利时尚诞生初期,见证、陪伴了意大利时尚的诞生与发展的马兰戈尼学院,也凭一直以来的前行不辍,确立了其在全球时尚教育领域的领导地位。意大利以自身拥有时尚品牌生产基地和众多世界著名奢侈品牌原产地为优势,使得时尚发展能够将创新性与实用性很好地结合起来,其教育方法也秉承了这一传统,产教融合输出意大利时尚的丰厚内涵。

与被称为时尚策源地的欧洲相比,美国的时尚教育虽然起步较晚,但通过对欧洲时尚教育体系的转承式发展,美国现已成为世界上时尚教育体系较为完整的国家。美国纺织学校多于 19 世纪后期建立,主要包括纺织品设计、纺织品染色、纺织品市场管理等方面的课程设计,以迎合当时纺织产业生产诉求与人才配备需求。主要有位于纽约市第五大道的帕森斯设计学院(Parsons School of Design)、第七大道的纽约时装技术学院(Fashion Institute of Technology),以及布鲁克林威洛比大道的普瑞特学院(Pratt Institute)。其中成立于 1896 年的帕森斯设计学院位于时尚腹地曼哈顿第五大道第 13 街。帕森斯以其校友闻名,培养出众多的时装设计师、摄影师、设计师、插画家和艺术家(帕森斯设计学院官网,2020)。同样培养了许多时尚界精英的 FIT,成立于 1944 年,专注于与时装业相关的艺术、商业、设计、大众传播和技术。

(四)时尚保障

1. 政府保障

在时尚体系的建构过程中,政府起到了非常关键的作用,保障了每个环节的顺利进行。在美国发展时尚产业之初,当时纽约市长拉瓜迪亚信守承诺,推动时尚产业的发展。在 1941 年春天,他举办了为期两天的时装活动,名为"纽约时尚未来"(New York's Fashion Futures)。这场秀旨在表达纽约风格的追寻与特有风格的形成。这场秀的重要性甚至达到了白宫。第一夫人埃莉诺·罗斯福(Eleanor Roosevelt)是时尚集团(fashion group)的成员,并同意担任该展览的咨询委员会成员(Welters,2005)。作为全球创意活动、媒体和商业中心,纽约长期以来一直是世界时尚之都。然而,纽约时装业面临着艰难的新挑战,例如,消费者对购买什么和如何购买的方式转变,以及新技术兴起带来的全新挑战。

为了保持纽约作为世界时尚之都的地位，纽约政府与纽约市经济发展中心（New York City Economic Development Corp.，NYCEDC）提出了"Fashion.NYC.2020"（时尚纽约 2020）项目。21 世纪初的纽约已经是设计师和时装设计企业家的首选地和全球时尚媒体、营销和零售中心，批发贸易和百货商店的总部枢纽，而"Fashion.NYC.2020"提出了两个新目标：培养下一代管理和商业人才、成为专业和多渠道的创新中心。

1919 年，美国政府就成立了服装中心特别区（special garment center district），为了解决对制造业就业可能下降的担忧而建立了 500 万平方英尺的保护区来生产和发展时尚产业，并于 2007 年进行重新规划了这个区域。2010 年，CFDA 和设计信化公共空间项目合作提出的中域制造项目，强调了服装区（garment district）的重要性，是作为零售和设计的重要区域。同年，纽约政府开始启动名为 Fashion.NYC.2020 的计划，为纽约时尚产业发展出谋划策。当时的纽约市市长白豪斯在 2012 年 4 月份做出了长达 27 页的研究报告，报告首先提出了纽约在美国和世界时尚界的地位，以及技术创新促发了网络购物和新媒体社交的作用日益凸显，利用新技术消费者也会加入产品研发中，可持续发展和环保也将成为重要的话题。报告中提及的六个相关项目如下。

（1）纽约时尚校园（fashion campus NYC）：与帕森斯合作，为在校和毕业的学生提供学习、实习的机会，帮助纽约市建立其竞争优势，以保持其作为全球时尚之都的地位。

（2）纽约时装设计草案（fashion draft NYC）：一项人才招聘计划，顶尖大学毕业生可获得该行业的幕后观察，并采访纽约市的一些时装公司的管理人员等机会。

（3）纽约时尚研究员（NYC fashion fellows）：一项表彰计划，为时尚管理领域的"新星"提供指导，并提供互联网时代的教育机会。

（4）纽约设计企业家（design entrepreneurs NYC）：一个企业家"新兵训练营"，为新兴设计师提供启动和管理时尚业务所需的工具。

（5）Pop-up 项目：通过推广引人注目的尖端时尚零售概念，促进零售创新的年度竞赛。

（6）纽约时尚生产基金（NYC fashion production fund）：为新兴设计师提供

生产融资贷款、指导服务和获取当地生产资源的基金，促进纽约制造业的回归。纽约时尚生产基金与资本商业信贷合作，以低于市场的价格和灵活的条件为新兴设计师提供生产资金，以支付订购单的费用。

2. 创意保障

在 20 世纪 50 年代初，一些美国本土设计师开始崭露头角，他们独具一格的设计推动了当时美国的时尚市场发展。如今纽约已经形成了具有当地风格的时尚体系，设计灵感也不再只来自欧洲。其中许多工会、行业协会和个人都参与建立了美国时尚体系，为纽约时尚的发展提供了强大的创意保障。

时尚产业稳定发展的同时，许多工会成立为保障服装制造业工人的权益。针织品贸易、工业和纺织业雇员联合会（Union of Needletrades, Industrial and Textile Employees，UNITE）于 1995 年成立，由国际女装服装工会（ILGWU）和服装和纺织工人工会（ACTWU）合并而成，旨在改善制衣工人的工作条件和减少罢工。除此之外，CFDA 赞助了一项价值 600 万美元的时尚制造计划（fashion manufacturing initiative，FMI），旨在为当地时装生产公司提供资助，以购买创新机械、进行技术和资本升级、为员工提供技能培训以及支付在纽约市内搬迁的费用。到目前为止，纽约市最好的时装工厂已获得近 200 万美元补贴。

1962 年，美国时装设计师协会（Council of Fashion Designer of America，CFDA）成立。CFDA 作为美国时装设计师的代表，强调他们作为文化产业的艺术性质。在 CFDA 赞助下的年度时装设计师奖，激发了许多有才华的纽约当地设计师。除此之外，CFDA 参与创办了一年两次的 "Seventh on Sixth" 时装周，并且协调高级定制和成衣品牌的秀场和时间安排，为纽约当地设计师带来了来自全世界的关注与热度。如今 CFDA 已将纽约时装周的举办权卖给国际管理集团（International Management Group），CFDA 作为一个会员组织，规范会程安排来确保整个时装周的成功举办。目前，纽约时装周（New York Fashion week）已更名为美国系列日程表（American Collection Calendar），旨在鼓励纽约设计师在全球范围更多展示原创设计。CFDF 拥有美国系列日程表所有权，主要负责纽约时装周期间各个品牌的时间调度工作，以保证其新秀时间不会彼此重叠，并可根据品牌知名度和过往表现等因素进行调整。除此之外，CDFA 还通过为设计师提供低成本的服装区工作室空间、商业指导、教育研讨会和交流机会，为设计师们提供一个创造性的、专业的创作环境，以培养有前途的设计人才（New York City Economic Development Corp，2012）。

除了CFDA，另一个协会也在创意体系中发挥了重要的作用，即时尚国际集团（Fashion Group International）。在初具雏形时，美国时尚产业拥有许多资源，但却缺少一个组织者。当时的时尚领导者都以自己的方式运作，虽然许多美国设计师满腹才华，但还是有很多人提出在没有巴黎的情况下该怎么办，没有一个领导者可以使这个行业团结起来。1931年2月，包括*Vogue*编辑埃德娜·蔡斯和时尚宣传家埃莉诺·兰伯特等在内的一批业内知名女性组织了时尚集团（Fashion Group，现被称为Fashion Group International，FGI）的第一次会议，代表了纽约时尚产业内许多角色如设计师、面料生产商、零售商、时尚媒体等。她们提升了时尚及其相关生活方式产业的专业性，给设计师提供了有关对时装业有影响的国内和全球趋势的信息，举办和赞助了一年一度的时装秀和商品展销会（the fashion group international website）。除此之外，FGI还制定了时尚教育与实习的计划，赞助了许多时装业的公益活动，很大程度地推动了纽约时装产业的发展（Hollander，1992）。

3. 生产保障

美国服装产业经历了四个发展阶段：①最早的成衣兴起阶段以小作坊式的服装定制为主；②之后实现了产品的大批量生产进入产业密集阶段；③设计变成发展重心，各部门的合作更紧密；④市场进一步细分，独立的设计师品牌得到发展。如今，时尚制造业仍然占据了纽约制造业的31%，但整体趋势制造业显示向海外转移（New York City Economic Development Corp，2011）。而在政府的支持下，纽约制造业正在回归。

美国的纺织品和服装供应链由约22000家公司组成，雇佣约675000人（不包括零售渠道）（Sen，2008）。从纤维到面料到服装的生产过程，需要经过许多部门的运作。纤维通常分为两类：天然纤维和人造纤维。天然纤维大多来自农业公司，这样的农业公司遍布美国各地，且通常规模较小；合成纤维包括尼龙、聚酯和丙烯酸。合成纤维生产通常需要大量的资金和知识，因此合成纤维生产商比如美国杜邦公司（Dupont），是庞大而复杂的。利用大量的科技来完善产品，以及大量的营销手段来向面料公司、设计师和消费者推广。将新产品带到消费者身边需要好几年的时间。通常，纤维和面料会被推广到产业的下一个阶段——服装生产商，但有些纤维公司直接面向消费者，比如徕卡®就直接在电视和杂志上发布广告。之后，一些流行色和流行趋势预测机构（如Promostyl 和 Doneger Group，DTG）、商业协会（如棉花公司）和个体面料公司（如杜邦公司），都进行了广泛的研究，以预测消费者大约在18—20个月之后会购买什么新产品。之后生产的面料会经过使用染料、印花以及修边来完成面料的面料转换公司比如 Laminating，最后到了设计师、服装生产商以及承包商。不同的是，一些公司经营自己的制造设施，其他一些使用承包商。然而，越来越多的公司聚集在发展中国家生产制造服装再运输到美国。然而，由于政策和经济局势的改变，发达经济体与发展中国家之间制造业成本差距的缩小，以及纽约政府的扶持，许多公司，尤其是个人设计师将工厂迁回本土或是离消费者更近的地方。

知识经济时代的到来，使纽约时尚产业链逐渐从加工生产向研发设计与市场营销两端延伸。虽然近年来大量生产加工外移，但是许多服装生产公司的总部还是设立在纽约。除此之外，众多材料研发部门、设计部门、时尚组织机构、时尚媒体、营销部门、文化设施、商店和服务设施等产业链中的各个相关环节都集聚于纽约，共同推动纽约时尚产业的发展。波特[1]在分析产业集群竞争力的时候提出了著名的钻石理论，他认为一个产业集群能否持续创新和升级，取决于四个条件：要素条件、需求条件，相关产业和支持产业以及厂商的结构、战略和同业竞争（刘冰，2009）。而纽约具有良好的时尚发展环境，时尚产业链中的各部门都实现了自身利益最大化，且这些部门都聚集在城市内部，进而形成了都市化聚集产业。

（五）时尚个体

现代时尚开始于西方文艺复兴时期，是一种与西方社会的现代性相伴而生的社会文化现象。在康德看来，时尚只是未经思考的盲目模仿，它只是由于人们的虚伪和互相攀比以图提高自己社会地位的社会竞争所造成的结果。齐美尔

---

[1] 迈克尔·波特（Michael E.Porter），哈佛商学院大学教授。迈克尔·波特是商业管理界公认的竞争战略之父，他曾提出了著名的钻石理论。

则在康德的基础上提出时尚具有模仿和分界两个功能。在当代社会，诸如消费者、时尚买手、设计师等时尚个体在时尚体系中扮演了重要的角色。

1. 消费者

消费者指的是在时尚消费活动周围形成的生活方式群体。时尚消费群体并非研究者或营销商分配给他们的标签，通常是自我选择的。时尚消费群体属于"半显性"（semi-explicit）群体。后现代社会中，消费者不再坚持某种固定自我形象和认同，而是越来越倾向于采取行动导向，通过获得能使他们在每一种情境或每一瞬间都有讨人喜爱和令人羡慕的自我形象，寻求在各个非连续的、不同片刻上的良好感觉。18 世纪的英国，城市结构由于农村人口的大量涌入而开始发生变化。购物环境和消费层次开始发生变化，大众消费者显著增加。同时，广告对消费者的影响越来越大，企业逐渐开始关注消费者的消费行为。19 世纪，这种消费社会在美国、法国也相继出现。在消费社会中，消费生活成为人们生活方式的主要内容。其实不仅是时尚产业中，各个产业都会通过把握不同时代的消费者特征，实施有效的营销策略，以实现营销目的。消费者因出生和成长的时代背景不同，有不同的价值观和生活方式，因此形成不同的消费观念和消费行为特征。因此，研究某一族群的特征，最终落实到时代特征的研究和族群生活方式的研究上是极为重要的。

2. 时尚买手

自 20 世纪 60 年代，欧洲便出现了买手（buyer），其主要职责是处理数据、分析数据和监管销售。换言之，买手是指在世界各个角落留下寻找时尚的印记，紧密关注着时下的流行讯息和市场动态，为企业或品牌采购合适的设计并交由工厂生产成完整商品；或直接采购合适的商品，由专业的企业销售渠道进行销售，从而获取利润的人。专业的买手具理性思维又兼具创造力，有前瞻的时尚眼光又兼有敏锐的时尚嗅觉，以便在时尚交际圈里信手拈来。他们是连接品牌与市场的关键人物，也是联系于设计师与消费者之间的紧密桥梁。

时尚买手是推动时尚产业的前线人员，他们主要分为两大类型，一是经销商型买手，二是自有品牌采购的买手。前者根据品牌企业的类型，可以细分为百货商店买手、单品牌买手和品牌店买手；而后者是现今大部分自有品牌企业采取的买手模式。百货商场买手是国外发展成熟的一种买手类型，其结构模式为商店买手必须选择符合的品牌和商品放置商场供消费者购买，这是最有难度的一类买手制，因为其不仅考验了买手们对这些品牌业态和消费前景的掌握度，他们还要背负着为整个商场带来盈利的重重压力。

3. 设计师

设计师作为制造时尚的关键性人物，把握了时尚发展的风向标。设计师对于时尚的影响不仅在于他能够提供一些具有独创性的新风格，而且在于他所提供的风格能够因其名人的影响能够为人们所接受、所效仿。回望19世纪末的法国高级时装展，高级时装设计师沃斯曾依赖于他们所服务的皇室成员和贵族的名望、地位而使得自己的作品和自己的名声得以传播开来。

20世纪60年代后，美国也出现了一种新的发展趋势，即创立美国的服装品牌形象来推广美国时尚产业，进而确立美国自己的时尚身份。设计师开始用自己的品牌运营自己的业务，并利用自己作为时尚创始者的独特角色来推销自己和自己的产品。到20世纪70年代，设计师通过参加公共活动和接受杂志采访来宣传他们的生活方式和形象的做法越来越普遍。尤其是格洛丽亚·范德比尔特（Gloria Vanderbilt）和卡尔文·克莱因（Calvin Klein），他们将品牌标志从牛仔裤内侧移到外侧，并且推进了这一营销战略（Rantisi，2004）。如今，社交媒体和数字媒体彻底改变了人们的消费方式，尤其是在时尚行业。社交媒体上大量的信息以及曝光量同时也改变了设计师的设计方式，比如对亚历山大·王来说，今天的社交媒体会影响其设计方式。

（六）时尚展览与评论

文化艺术是时尚体系的重要组成部分，它赋予了服装以美学价值与象征意义。在传统观念中，艺术与大众群体之间是有距离的，而博物馆因为其极大的开放性和包容性成为大众群体触碰艺术和文化的空间，故成为普通大众和时尚之间沟通的一条通道。纽约作为新的世界艺术中心，拥有许多世界级的艺术博物馆，如纽约现代艺术博物馆、大都会艺术博物馆、古根海姆博物馆、惠特妮博物馆（Whitney Museum of American Art）等。卡内基音乐厅（Carnegie Hall）和林肯表演艺术中心（The Lincoln Center for Performing Arts）等标志性文化机构，该城市作为文化中心的地位得到了加强。以建立于1870年的大都会艺术博物

馆为例，其初衷是给美国公民有关艺术和艺术教育的熏陶。博物馆内的服饰馆
（the Costume Institute）收藏了超过 33000 件物品，代表了从 15 世纪到现在的七
个世纪里的男女装时尚服饰。服饰馆内还设有艾琳·莱维森·库图姆图书馆（the
Costume Institute's Irene Lewisohn Custume Reference Library），馆内收藏了 30000
册书籍和期刊，以及 1500 多名设计师的档案，贯穿 16 世纪以来关于世界各地
的时装、高级时装、地方服装以及服装的历史。大都会艺术博物馆从 1948 年
开始每年还会举行慈善筹款晚会——Met Gala，它最早由传奇时尚宣传家埃莉
诺·兰伯特创办，旨在为新成立的服装研究所（costume institute）筹集资金，并
标志着其年度展览的开幕。纽约当地设计师也从中受益，将设计师与风格推动
者和其他文化精英联系起来，成为当时业内最盛大的活动。活动结束后，其展
览将持续数月。Met Gala 还被广泛认为是时尚界中最独特的社交活动之一，由
来自艺术、时尚、上流社会、电影和音乐等各界名流参加，是业界领先人物的
交流平台。

位于曼哈顿著名的纽约时装学院的 FIT 博物馆成立于 1969 年，其以创新
和屡获殊荣的特别展览而闻名，最初名为设计实验室（the Design Laboratory），
展览包括服装、纺织品和配饰系列。FIT 博物馆永久收藏了从 18 世纪到现在
的 50000 件服装和配饰，并着眼于当代前卫时尚。这些展览向公众开放，让公
众深入了解了美国时尚的历史，也为设计师、学生提供了设计灵感。此外，许
多博物馆，如纽约市博物馆（Museum of the City of New York）、布鲁克林博物
馆（Brooklyn Museum）和库珀·休伊特国立设计博物馆（Cooper Hewitt National
Design Museum）等，都有与时尚有关的专业展览，从历史上的服装到如今的新
兴设计，从全世界各地来的不同风格的服装到纽约设计师的作品，从实物到杂
志，不仅记录了时尚品位的变化，而且映射了时代精神与城市发展进程。

参考文献

刘冰，2009. 纽约市服装区的创新能力及对我国产业集群升级的启示 [J]. 中小企业管理与科技 (9): 117.

Sen A, 2008. The US fashion industry: A supply chain review [J]. International Journal of Production Economics, 114(2): 571–593.

Hollander A, 1992. The modernization of fashion [J]. Design Quarterly, 154: 27–33.

Horyn C, 1999. The media business; Breaking Fashion News With a Provocative Edge [N]. New York Times, 8: 20.

Welters L, Cunningham P A, 2005. Twentieth-Century American Fashion [M]. Berg Publishers.

New York City Economic Development Corp, 2011. Fashion in New York City – Industry Snapshot 2011 [R].

New York City Economic Development Corp, 2012. Fashion. NYC. 2020[R].

Rantisi N M, 2004. The ascendance of New York fashion [J]. International Journal of Urban and Regional Research, 28(1): 86–106.

第六章

西方时尚进程中的典型案例

聚焦于各个时期的典型时尚案例，借鉴历史数据，以点带面地还原西方时尚进程，以及 19 世纪末以来欧美时尚转承互动的时尚历史进程。以查尔斯·沃斯、雅克·杜塞、保罗·波烈、查尔斯·詹姆斯、艾尔莎·夏帕瑞丽、纪梵希等高级时装屋为典型案例，希望通过个案研究的方式以映射全局，以点带面地还原西方时尚进程以及其间的标志性事件、人物、时尚现象。借助西方时尚经验与历史样本，客观分析西方国家相关设计政策的成效与西方时尚中心与时尚消费市场的建构经验，逆向反推中国大众流行文化与时尚消费市场的建构路径与方法。

纵观 19 世纪末至 20 世纪上半叶高级时装屋的创建与发展，不难发现：首先，早期的高级时装屋均由高级时装设计师一人承担设计师与管理者的职能；其次，早期的高级时装设计师以解决设计问题为核心，兼顾高级时装屋的设计效益与盈利能力；最后，本章所提到的多个高级时装屋的设计与运营方式，无一例外地反映了设计、运营、战略三个方面的积极作用与协同效应。综合上述，高级时装屋典型案例中映射出的设计与运营方式实际上是 19 世纪末到 20 世纪上半叶高级时装设计师群体的集体选择，他们往往承担设计与管理职能，积极采用设计、运营、战略创新以推进高级时装屋享誉西方各国，并积极拓展海外市场，以寻求更多市场发展机遇。这些百余年前的高级时装屋，有些与时俱进繁荣至今，有些则已然消逝在时尚的历史进程中。

一、沃斯高级时装屋

19 世纪中叶的法国，沃斯凭借其创新设计与商业嗅觉，推动其高级时装屋享誉上流社会，且积聚了一大批优质客源，借由名人效应、杂志报道、人员推广等商业推广活动扬名海外。爬梳繁杂的历史信息可以发现，沃斯高级时装屋在 19 世纪采用的推广方式已然具有当代品牌意味。通过对沃斯及其高级时装屋发展历程、消费群体、推广方式的分析，还原以沃斯高级时装屋为代表的法国高级时装屋的设计运营与推广方式。

（一）沃斯高级时装屋发展历程

1847 年，英国人查尔斯·弗雷德里克·沃斯到法国巴黎求职，最初在加热兰布料公司（Gagelin Magasin De Nouveautes）工作（该公司之后更名为 Opigez & Chazelle）。1851 年，伦敦举办万国博览会（the Great Exhibition），沃斯为公司所设计的几件刺绣丝绸礼服使其赢得了"高级服装"（upper clothing）类别的金牌（图 6-1），沃斯所在公司 Opigez & Chazelle 被作为服装类获奖者在 1851 年的伦敦万国博览会获奖存档报告中被提及，沃斯也由此声名远播。1855 年的巴黎万国博览会上，沃斯展出了一件新礼服，肩部下垂，线条流畅，并以层叠的布料衬裙取代了传统的裙撑设计，热销且自此订单不断（辻原康夫，2006）。1857 年，沃斯辞职，并在 1858 年与奥托·博伯格（Otto Bobergh）在巴黎塞纳河右岸中心地区和平大街创立了沃斯高级时装屋，由沃斯任艺术总监，博伯格任财务总监。此后，在普法战争前的近十年期间（1860—1870 年），沃斯凭借其卓越的设计才能和商业头脑，迅速将其高级时装屋推广至法国上流社会群体，积累了一批稳定客源且享誉海外。由于当时法国政局动荡，沃斯和博伯格的合作关系于1870—1871 年终止，沃斯高级时装屋于 1871 年重新开业，依靠多年来积聚的名声和人脉继续展开设计运营活动，不断推出奢华且创新的设计作品。沃斯于1895 年逝世，此后沃斯的儿子继承该高级时装屋并继续营业。1900 年，沃斯高级时装屋参展巴黎世界博览会，获得了巨大的关注度。根据档案资料记载，沃斯高级时装屋在展会期间展出了多件代表其顶级工艺的定制礼服，吸引了大批与会者驻足欣赏，为后续全球市场的拓展积累了客户与市场经验。

图 6-1　Opigez & Chazelle 获得高级服装类别奖项纪录
（来源于 Reports of the Juries，1852）

　　沃斯高级时装屋于 1956 年因经营不善宣告倒闭。1999 年，英国的马丁·麦卡特西（Martin McCarthy）和戴尔士·梅塔（Dilesh Mehta）收购了沃斯高级时装屋，并由马丁·麦卡特西任执行董事，尝试开始再现沃斯时期的高级定制作品并配合香水、配饰、内衣等其他产品线销售。沃斯高级时装屋由盛及衰的发展历程如图 6-2 所示。

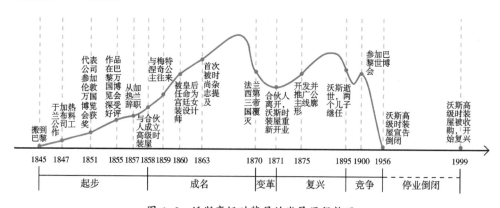

图 6-2　沃斯高级时装屋的发展历程整理

　　查尔斯·弗雷德里克·沃斯创造并奠定了法国高级时装产业的基础，在 20 世纪 60 年代成衣业兴起之前，沃斯开创的高级时装体系一直占据时尚主导地位。

其时尚产业贡献包括将服装设计师作为一种职业区别于裁缝，出售高级时装并出售服装版型，使用真人模特展示定制时装等。

（二）沃斯高级时装屋的发展契机

1. 宫廷时尚与社交需要

1852 年 12 月 2 日，拿破仑第二帝国建立，以拿破仑三世及其妻子尤金妮皇后引领的法国宫廷时尚文化发展迅速，宫廷出于日常休闲娱乐生活的需要和各种社交需求，需要大量的奢华时装来彰显皇室高贵的身份和地位，因此带动了法国高级时装产业的发展，为沃斯所创造的奢华礼服受到皇后青睐提供了历史契机。

2. 政府对纺织工业（里昂地区）的重视

拿破仑三世登基后，尤为重视法国工业的发展，颁布了一系列支持法国工业发展的政策。沃斯高级时装屋的重要上游合作厂家地区之一就是法国里昂，当尤金妮皇后表示不想穿着产于法国里昂地区的窗帘般厚重面料的礼服时，沃斯积极劝说拿破仑三世，使其认识到皇后的名气能够带动里昂地区纺织工业的发展，进而促进法国经济的增长，终于促成了尤金妮皇后穿着法国里昂产丝绸面料服装参与法国宫廷社交活动。

3. 工业革命推动的市场拓展

19 世纪中叶的工业革命带动了纺织工具的进步，极大提高了纺织服装的生产效率，为沃斯高级时装屋大量订单的生产提供了技术保障。工业革命也带动了交通及通信工具的进步，世界各地间的联系日益紧密，使沃斯高级时装屋国际业务的扩展得以实现，国际杂志对沃斯高级时装屋进行大力宣传，同时国外买家可以乘坐便捷的交通工具到法国巴黎选款。此外，工业革命催生了一批新富阶层，新兴资产阶级、中产阶级涌现，成为新时代的时尚主导力量与时尚群体，推动了高级时装行业的发展。

4. 沃斯的职业能力与参展契机

沃斯在前往法国巴黎之前，曾在英国伦敦学习过纺织品销售的知识，这使他在处理纺织品、鉴别纺织品质量和判断面料适合哪一类款式的衣服等方面积累了宝贵的经验。沃斯之后在巴黎知名的加热兰公司销售布料，接触权贵女性并掌握了其喜好，积累了一批优质的潜在客源。沃斯为加热兰公司的模特玛丽所制作的衣服意外受到了来店铺挑选布料的顾客的喜爱，这使他意识到高级时装产业发展的巨大潜力。通过公司，沃斯的服装作品得以在1851年和1855年万国博览会上展示，此后沃斯扬名海外。

（三）沃斯高级时装屋的时尚消费群体

19世纪中叶的法国政局动荡变幻，涵括贵族和上层资产阶级的有闲阶级成为主流时尚群体。有闲阶级区别于劳动阶级最明显的标志就是以挥霍为属性的炫耀式休闲和炫耀性消费，而服装的展示尤其能体现财物上炫耀性挥霍的法则。高雅奢华的服装之所以能满足有闲阶级的炫耀目的，不仅是因为其价格昂贵，而且是因为它是有闲的标志。它不仅显示出穿着者有从事奢侈消费的能力，同时也表明穿着者不事生产（凡勃伦，1964）。总体看来，沃斯面向的时尚群体有三类。

1. 法国宫廷贵族

1851年，法兰西第二帝国正式成立，宫廷经常在杜乐丽宫举办各种大型舞会，名流贵族对华丽服饰需求迫切。名流贵族们需要借助华丽的服饰彰显其高贵的出身，满足以夸耀为目的的炫耀欲望。譬如，当时法国社交名人梅特涅奇公主和拥有时尚话语权的尤金妮皇后[①]，她们对于奢华时尚的追求推动了法国高级时装业的发展，成为西方时尚的风向标。

2. 资产阶级群体

哲学教授埃德蒙·戈布洛指出："财富不一定能使人成为资产阶级，但是获得和花费财富的方式却可以使人成为资产阶级，因此富人不一定是资产阶级，一些穷人却可能被认为属于资产阶级。资产阶级必须将金钱花在他的服饰、住宅和食品上，以符合上流社会的礼节"（Wright，1995）。可见，资产阶级区别于贵族与生俱来的家世和名誉，需要外在的物质表现去彰显他们的财富和实力，以巩固其在上流社会的地位（宋严萍，2006）。沃斯高级时装屋的跨大西洋客户中，包括了美国金融和工业界的资本家及其妻儿，如1877年光顾沃斯时装屋并成为其忠实顾客的美国钢铁大王摩根及其妻子。

[①] 尤金妮皇后（María Eugenia Ignacia Augustina de Palafox Portocarrero de Guzmány Kirkpatrick）是法兰西第二帝国皇帝拿破仑三世的妻子，也译为尤金妮娅皇后或欧仁妮皇后，是当时公认的时尚偶像。

3. 高级交际花

以科拉·珀尔（Core Peart）为代表的高级交际花，依赖于贵族的赠予享受奢华生活。沃斯高级时装屋奢侈高昂的时装无疑吸引了她们的注意，她们拜访高级设计师，出入高级餐厅、戏院，通过服饰穿着模仿上流社会女性并期待获得相同地位。譬如，威尔士亲王爱德华七世的情妇女演员莉莉·兰特里、华威的弗朗西斯伯爵夫人和爱丽丝·吉佩尔夫人等均是沃斯的客户。

在加热兰高级布料公司担任推销助手的经历让沃斯对法国有闲阶级的服饰时尚有了深刻认识，沃斯准确把握了这一群体对于炫耀性消费和展示的欲望，其消费者散布全球（表6-1）。

表6-1 沃斯高级时装屋的主要消费群体

阶层	代表人物	国籍
皇室成员 / 贵族	尤金妮皇后（Eugénie de Montijo）	法国
	梅特涅奇公主（Princess von Metternich）	奥地利
	威尔士公主（Princess of Wales）	英国
	路易斯女王（Queen Louise）	挪威
	伊丽莎白皇后（Empress Elisabeth）	澳大利亚
上层资产阶级 / 政府官员	金融大亨摩根及其妻子（J.P.Morgan）	美国
	总督莱顿女士（Lady Lytton）	印度
高级交际花	科拉·珀尔（Core Peart）	法国
艺术家	画家保罗·塞尚（Paul Cézanne)	法国
明星	莉莉·兰特里（Lillie Langtry）	英国
	奈莉·梅尔巴（Nellie Melba）	澳大利亚
小说家	费伊莱夫人（Valérie Feuillet）	法国

（四）沃斯高级时装屋推广方式

1. 名人效应

沃斯最初为社交名人梅特涅奇公主（Princess von Metternich）设计的礼服在宫廷晚宴上引起了法国时尚界的引领者尤金妮皇后的注意，随后沃斯便成为尤金妮皇后的御用礼服设计师。沃斯不仅仅为梅特涅奇公主和尤金妮皇后设计奢华的服饰，还与之建立了深厚的友情，她们凭借自身知名度通过所在的社交圈宣传着沃斯高级时装屋华美的服饰，引起了上流社会女性群体的注意。此后出现的高级交际花科拉·珀尔、女演员莉莉·兰特里等也都成为沃斯高级时装屋的忠实顾客并以她们自身的影响力扩大沃斯高级时装屋名声。

2. 杂志推介

1863 年，沃斯首次被时尚杂志《四季》（*All the year round*）提及，报道中载道：谁能想到在 19 世纪中期后，一个男裁缝，一个真正的男人，能够给巴黎最尊贵的女性们制作衣服并指挥着她们的行动。到 19 世纪 70 年代，沃斯及其时装屋更频繁地被各大时尚杂志报道。此外，沃斯高级时装屋最初在 19 世纪盛行的一些时尚出版物上展示其创意设计。到了 19 世纪末，沃斯高级时装屋开始在 *Harper's Bazaar*、《女王》（*The Queen*）以及法国版《时尚画报》上刊登整页的宣传图片，从而成为时尚主流。到 20 世纪，沃斯高级时装屋又在《邦顿公报》（*Gazette du bon ton*）和 *Vogue* 等较新的出版物上进行广告宣传。

3. 人员推广

1859 年，沃斯让其夫人带着设计作品集登门拜访梅特涅奇公主并成功赢得订单，这是沃斯高级时装屋所做的最初的人员推广方面的尝试。此后，在沃斯高级时装屋沙龙中，沃斯会与顾客就模特展示的穿着进行介绍以及交流，并依据顾客的个人意见对其订购的商品进行色彩、款式等的具体调整，这种人员推广方式使沃斯高级时装屋的设计产品更加贴合顾客的定制需求，进而促成订单。

4. 时尚沙龙

为了建立和维持良好的品牌形象、宣传设计作品，沃斯高级时装屋定期举办沙龙并对时装屋的内部装潢进行了相应的调整。沃斯时装屋内设有多个展厅，铺满了异国情调的鲜花，并将展厅装扮得像贵族的家庭客厅，配合相应的灯光，给人以亲切舒适和奢华的双重视觉体验，名流贵族等因沃斯的沙龙而聚集在一起，观看模特展示，进行有关高级时装的讨论、展示、欣赏和订购，享受着沃斯呈现的视觉盛宴。

5. 参展国际博览会

1851 年，沃斯代表加格林（Gagelin）公司参加了伦敦举办万国博览会，其

设计的刺绣丝绸礼服使公司获奖，评审
称其设计极其优雅。1855 年，加格林
公司又在巴黎万国博览会上展出了沃斯
设计的一系列礼服，改变了以往裙裾从
腰部下垂的方式，从肩部下垂，使得装
饰物有更多的面料空间进行充分展示，
此后沃斯声名远播。1900 年，沃斯高
级时装屋参加巴黎世界博览会，向人们
展示了奢华的高级定制服装，成为全场
的亮点，沃斯高级时装屋于 1900 年巴
黎世博会上展出的一件奢华晚礼服的手
稿记录如图 6-3 所示。沃斯及其高级
时装屋通过参加国际性展览将其声名远
播海外，为其扩宽海外市场及维持时装
屋的运营奠定了良好的发展基础。

图 6-3　1900 年沃斯高级时装屋的参展作品
（来源于档案 Exposition Universelle De Paris –
Les Toilettes De La Collectivité De La Couture,
1900）

（五）以消费群体为核心的沃斯高级时装屋推广流程解构

我们借助 AIDA（Attention，Interest，Desire，Action，注意、兴趣、欲望、
行动，AIDA）模式① 分析沃斯高级时装屋的推广流程（戈得曼，1984），并细化
为四个流程（图 6-4）。

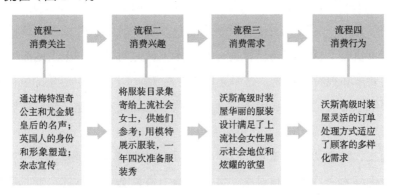

图 6-4　沃斯高级时装屋四个阶段的推广流程分析

① 海英兹·姆·戈得曼（Heinz M. Goldmann）于 1958 年提出的 AIDA 模式。

流程一，消费关注。沃斯自身的话题性和争议性使他成功吸引了目标顾客群体的注意。1875 年，《伦敦社会》杂志在一篇专栏文章写道沃斯是"目前欧洲最受欢迎的人"之一："一个英国人领导巴黎，本身就是一个谜；一个英国人教法国人穿衣服，这是另一个更大的谜团。正是帝国造就了这个奇妙的存在，在我写这篇文章的时候，我对他感到了最深切的敬佩——如果我和他有直接关系，这种感觉无疑会减少"（Joseph，2014）。显然，出身于英国的沃斯在法国的发展引起了人们的关注。通过梅特涅奇公主和尤金妮皇后的名声，沃斯成功引起了上流阶层的注意。1859 年，沃斯夫人拜访了梅特涅奇公主，向她递送了一本沃斯的设计合集，并意外收到了答复，梅特涅奇公主从中预订了两条裙子，并在图莱利斯宫的宫廷舞会上穿了其中的一件。梅特涅奇公主在其回忆录中这样描述："我穿了我的设计师沃斯制作的礼服，可以说……我从来没见过比这更漂亮的礼服……它是由白色的薄纱，上面布满了小小的银色圆片，还装饰着红心的雏菊……皇后一进来……就立刻注意到我的衣服，看一眼就意识到这是一位大师的杰作"（Cole，2011）。尤金妮皇后对这件衣服大加赞赏并开始从沃斯那里订购礼服，这使得沃斯获得了其他上流社会女士的注意。到了 19 世纪 70 年代，沃斯的名字频频出现在时尚杂志上，如《时尚画报》（*La Mode Illustree*）、《商店》（*Le Magasin*）、《圣女》（*des Demoiselles*）、《时尚回声》（*Le Petit Echo de La Mode*）。这些杂志突出了最新的时尚趋势，向读者提供时尚建议，对时尚发展做出评论，并把沃斯高级时装屋的名声传播到法国巴黎以外的世界各地。沃斯不仅发展了时尚体系，而且塑造了一种高级时装设计师独特的、高尚的艺术家神秘形象——穿着礼服（有时候用皮草或薄纱装饰）并戴着一顶松软的黑色天鹅绒贝雷帽。沃斯将自己视为一个艺术家，并对其所创造出的服装作品有着严格的要求和独特的审美。这引起评论界对沃斯"艺术家"形象的争论并刊登在各大报纸杂志上，尽管褒贬不一，但这些争论无疑也引起了潜在顾客群体的注意。

流程二，消费兴趣。沃斯的名声吸引了越来越多来自最显赫阶层的顾客。沃斯将服饰样本印在设计目录上，并分寄给上流社会女士供其参考，然后再依据其身材量身定做，这种手法深获顾客喜爱。另一个引起潜在顾客兴趣的是，沃斯没有像以往那样让顾客来决定设计，而是一年四次准备各种各样的设计作品，并在沃斯高级时装屋通过现场的模特进行展示，他也是第一个使用模特向顾客展示服装的人（Villette et al.，2010；Rosa，2003）。这种创新的服装秀形式成功激发了上流阶层的兴趣，并创造了全新的时尚沙龙形式。

流程三，消费需求。维多利亚时代的商品文化激起了女性对女性气质的渴望。维多利亚时代的时尚"成为女性社交的一种高级的版本，以一种展示的形式，使路过彼此的陌生人可以建立一种即时的亲密关系，因为他们参与了一种以服装为媒介的公共文化"（Joseph，2014）。沃斯高级时装屋证明了上述观点。沃斯的顾客在互相观察中所发现的乐趣，与他们在被他观察和观察别人被他观察时所发现的乐趣结合在一起。因此，我们可以将维多利亚时代流行时尚中的影响扩展到沃斯时尚沙龙中：对其他女性的服装以及自己的服装进行总结的乐趣，包括赞许和接受赞许的乐趣、激发和获得一件奢华服装的乐趣。这些乐趣所引起的注意力是深刻的、具体的。沃斯的大部分作品都与重新定义女性时尚造型的运动有关，去除多余的褶边，在简单但富有女性魅力的轮廓中使用丰富的面料。沃斯为他的顾客提供了奢华的材料和精致的剪裁。他是第一个将品牌标识缝在高级时装上的设计师，借此举动宣扬他自己的创意和形象的独特性。沃斯为顾客创造了一个品牌名"梦想空间"，以满足他们的物质和象征性需求。他也是第一个被认为是艺术家的女装设计师（Villette et al.，2010）。19世纪时装的发展表现出一种新潮流的出现。在一个社会地位多变的时代，拥有和展示奢华的物品成为表达一种新的社会地位的方式。

流程四，消费行为。沃斯高级时装屋灵活的订单处理方式适应了不同类型顾客的多样化需求，这推动了顾客购买行动的达成。沃斯开发了礼服组件系统，即一件礼服可以由许多标准的可互换的部件制成，一系列不同的袖子、上衣、装饰物可以用不同的方式和面料组合在一起，创造出一件全新的时装，这就保证了沃斯的顾客们不会穿着相像的服装出现在宴会上。沃斯还在制作这些服装时开发了可变换的图案，进一步确保了完整服装的独特性。这满足了不同顾客对及时穿着的需要和展现自己独特性和个性的诉求。

沃斯高级时装屋和其他众多时装屋一样，有一个利润丰厚的平行业务，既生产顾客定制的昂贵服装，也生产高级成衣。沃斯高级时装屋生产的高级成衣，作为其贸易的一部分，向世界各地的主要国际百货公司和买家销售模型设计作品和纸样（De La Haya，2014）。顾客可以按码在沃斯高级时装屋购买布料，也可以根据当前系列中的一件模特穿着的原型服装下单；如果顾客没有时间进行试衣，则可以根据她的尺寸和之前的订单进行个性化定制。随后的订单便通过邮寄送至顾客手中。其他时装屋或百货公司的买手可以在沃斯高级时装屋购买图案和复制款式的版权，或者购买现有的成品进行复制和转售（Coleman，1989）。以上灵活的订单处理方式促使不同类型的顾客在沃斯高级时装屋完成购买。通过沃斯高级时装屋前期的一系列推广举措，沃斯积累了一大批海外实力顾客，到 19 世纪 70 年代，沃斯高级时装屋四分之三的成交额来源于外国客户群体，不论这些客户是直接购买还是通过中间商购买。

（六）案例小结

作为西方时尚历史样本的典型案例，沃斯高级时装屋的设计运营发展过程中呈现出对设计、生产、推广、销售、服务等各个环节的整合控制，特别是其推广方式的运营，已然具有当代品牌意味。

1. 设计运营并举

沃斯身兼设计师、艺术家和商人的身份，围绕高级时装客群，与法国里昂及周边地区纺织与装饰生产商建立合作关系，采用奢华的面料、精巧的立体剪裁、繁复的装饰、可变换的组合设计创造出被誉为"艺术品"的高级时装，创造性地采用真人模特走秀展示与售卖服装，满足当时上流社会女性对华服的需求。此外，沃斯高级时装屋还不断扩大经营范围，其经营范围包括成衣销售、面料销售、图案纹样销售、款式图版权销售等，建立了一个跨大西洋的出口业务。沃斯将设计与运营高效统筹于其高级时装屋，给予其他时装屋借鉴与启发。

2. 推广方式协同

沃斯善于利用各种资源造势进行推广以打通销路，借助报纸杂志宣传、名人效应、商业广告、时尚沙龙等推广手段，通过注意、兴趣、欲望、行动四个阶段的推广模式吸引受众群体，在普法战争前的近十年期间，迅速将其时装屋的名声远播海外，并成为其他高级时装屋仿效的对象，进而推动了法国高级时装产业发展，扩大了法国高级时装在欧美的时尚影响力。

3. 服务与时俱进

随着沃斯高级时装屋的逐步发展，其服务质量和服务方式也得到不断改善。沃斯高级时装屋为顾客创造了一个优雅舒适的时尚沙龙空间，提供了满足上流社会女性炫耀欲望的华丽服饰，并针对特定顾客的具体需求做出服装上的相应调整，对于不方便前来的远地区顾客给予周到的邮寄服务，并在法国巴黎之外的其他地区相继开设时尚沙龙，以便更好地满足顾客需求。与之相对，顾客给予沃斯高级时装屋高昂的服务费用并于无形间提高了沃斯高级时装屋的知名度。这种互利共生的服务与被服务的关系继而推动了沃斯高级时装屋的发展。

上文聚焦沃斯高级时装屋的推广方式，基于史料和现代研究视角，结合其目标顾客群体、设计运营，对推广手段和推广模式进行具体分析，还原沃斯高级时装屋的运营方式，以期借助时尚历史样本的研究，以点带面地映射高级时装产业萌蘖期的法国时尚面貌，进而借鉴并启发当下。

二、杜塞高级时装屋

19世纪末以来，由宫廷文化推动发展的法国时尚逐渐占据西方时尚的绝对话语权。19世纪末，法国凝练出以"宫廷文化与高级定制"为特征的时尚文化，并建构了与之配伍的法国时尚体系，其中包含法国政府、服装行业协会、高级时装屋、传播媒体与教育机构等相关要素。高级时装设计师的独立与法国高级时装产业的兴起是19世纪法国时尚体系完善发展的表征。雅克·杜塞是19世纪末20世纪初高级定制产业的先驱，其时装屋是19世纪法国时尚体系下的典型案例，映射了"美好年代"的时代精神。下文通过对杜塞时装屋设计风格、运营方式以及品牌体系化运作三个角度的分析，发现杜塞时装屋的成功与法国时尚体系的运转的紧密联系，具有参考价值并启发当下。

（一）杜塞高级时装屋所处的时尚环境

路易十四执政期间（1661—1715年）相对重视奢侈品出口，通过行会严格控制服装生产，从而建构了法国时尚体系的雏形（凡勃伦，1899）。1794年，《共和二年法令》的颁布进一步制定了相对完备的艺术、文化保护政策，推动时尚产业成为法国的支柱产业之一。19世纪，在法国综合国力日趋强盛以及各国文化、经济交流愈加频繁的内、外因素影响下，法国高级时装产业的催生与发展影响了整个西方时尚领域。

1. 法国时尚演进

基于纵向历史维度，法国时尚可追溯至欧洲中世纪末期，最初的法国时尚概念伴随欧洲文艺复兴思潮而来。至17世纪，路易十四时代的到来为法国时尚烙上特有的宫廷时尚标签。1787年，法国大革命爆发，以宫廷贵族为代表的精英时尚向囊括了贵族与新兴资产阶级群体的有闲阶级时尚过渡。至1868年，法国高级时装公会（Federaton Francaise de la Haute Couture）成立，在某种意义上标志着法国时尚体系初见成形，并出现了第一批高级时装设计师，高级时装屋俨然成为法国时尚的中心，19世纪末的法国巴黎也成当时欧洲乃至整个西方时尚的唯一中心，法国时尚影响力逐步辐射整个西方世界（齐美尔，2017；Blumer，1969）。

时尚是时代审美的物化载体，也是前沿设计与时代精神的映射。作为一种复杂的社会现象，时尚与社会变革、经济兴衰、人类文明、消费心理等紧密相连（巴特，1999）。第一次工业革命与机械时代的到来推动了技术更迭与设计审美演变，从而带动了法国高级时装产业的发展，并映射于各个相关领域，具象联动进而构成法国时尚表征。19世纪末以来，高级时装产业与设计师群体的出现，折射出在这样的时代背景下，以雅克·杜塞为代表的高级时装设计师群体关于时代精神、生活方式、设计对象演变的集体思考。

2. 法国时尚体系维度

19世纪末，法国形成了以"宫廷文化与高级定制"为特征的时尚体系，涵括了政府、行业协会、高级时装屋、企业、媒体、教育机构等一系列种类繁多且关系复杂的构成要素。这些个体、部门与机构彼此协作，孕育了法国时尚体系及其特有的时尚生态结构。

时尚产业所涉及的设计生产、传播消费、评价推广、人才输送等所有阶段都需要各个部门协作完成。法国时尚产业得以良性运作与发展，与其制度化的时尚体系有着密不可分的关系（图6-5）。政府政策支持与紧密协作的制度化时尚保障体系，成就了19世纪影响西方时尚的法国时尚产业，并造就了法国巴黎唯一时尚中心的绝对地位。

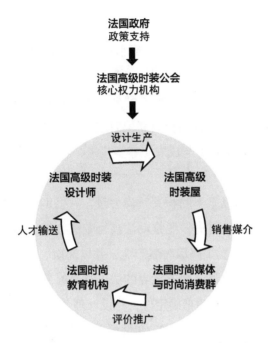

图 6-5　19 世纪末成形的法国时尚体系

（1）法国政府

法国政府对时尚体系构建的积极作用可追溯至路易十四时期，法国国王为了更好地集中王权、削弱地方势力，建造了以路易十四为中心的凡尔赛宫并制定了宫廷制度要求权贵恪守宫廷礼仪与宫廷着装范式，从而为法国时尚奠定了基础。从宫廷王权到政府政策，法国较早地建立了时尚产业政策性保护制度，法国政府介入时尚产业较深，从产业结构调整到财政支持，政府部门是法国时尚产业的主要推动者，健全而系统的制度化体系保证了法国时尚产业的良性运转（巴特，2000）。

（2）法国高级时装公会

法国高级时装公会作为法国时尚体系的核心权力机构，是联系各环节的桥梁，其主要职能为整体性行业政策的制定与落实，以保障国家内部时尚文化建设，持续对外输出时尚文化，是法国时尚业发展的推手。从公会的发展历史来看，其建立与发展反映了制度创新和服装创新间的联系。自 1868 年起，行业协会就成为法国时尚权力和权威的象征，法国高级时装公会作为法国时尚体系中最高权力机构，是法国高级定制时装产业的核心价值体现（布迪厄等，1998）。

（3）法国高级时装设计师

法国时尚源自宫廷，时尚设计一经成形即以高级定制为载体，在工会内部以一定的等级制度来区分设计师群体。譬如，公会将高级定制服装（haute couture）与其他定制服装（couture）加以区分，相应地对高级时装设计师和其他服装设计师群体加以区分，旨在提高高级时装设计师在时尚领域的地位，并区别高级成衣（prêt-à-porter）与成衣（布罗代尔，1993）。

（4）法国高级时装屋

法国时尚自路易十四以来不断积聚时尚力量，并借助于各类时尚政策的发布与执行，法国宫廷时尚与时尚沙龙推动法国巴黎成为整个西方世界仰望的时尚圣地。终在19世纪末萌发了高级时装产业，并以沃斯、杜塞等一批高级定制设计师为代表，建立了享誉整个西方世界的法国高级时装产业。法国高级时装品牌历史悠久，通过品牌文化的精确定位，将设计理念有效传达给目标消费者，成为时尚理念的重要输出方式之一。在19世纪末的法国时尚体系构成中，高级时装屋不仅是设计师输出时尚设计理念的重要平台，而且是法国时尚体系的构成要素。

（5）法国时尚媒体

时尚编辑是时尚的评价和传播者，也是时尚体系的重要组成部分，他们的言辞凸显了设计师的魅力。时尚作家使用的媒介（如报纸、杂志）有助于时尚的制度化。这些媒介都具有传播时尚的功能，对外输出正面的法国时尚文化，对法国社会的时尚表现做出积极评价。19世纪以来，时尚杂志、时装画报、电影、舞台剧等时尚媒介不断积聚，推动法国时尚产业向国际扩张（Kawamura，2004）。时至今日，巴黎时装周的年度发布仍然是世界时尚界最为关注的时尚事件之一。

（6）法国时尚教育

时尚教育是法国时尚产业、时尚相关机构培养、输送人才的重要通道，保障了整个时尚体系的运转。自19世纪法国高级时装公会成立以来，发展时尚教育便是其重要职能之一。公会作为巴黎服装公会学院（Ecole de la Chambre Syndicale de la Couture Parisienne）和法国时装研究所（Institut Fran ais de la Mode）的创始成员，向时尚教育机构传输以培养高级成衣设计师为主要目的的时尚教学理念，为时尚界输出源源不断的新鲜血液。近年，法国政府通过对时尚教育体制的改革，使法国职业技能与学术文化相结合，在技术教育与时尚文化方面输出法国时尚的丰厚内涵。

（二）杜塞高级时装屋的设计运营方式

杜塞高级时装屋由原家庭作坊继承而来。19 世纪 70 年代，杜塞增设高级服装部（后演变为杜塞高级时装屋）拓宽产品线，以设计奢华的礼袍和定制套装闻名，是早期法国"高级定制"概念的雏形，使其品牌服装的设计与销售区别于传统意义上的服装贩卖方式。杜塞高级时装屋在满足顾客要求的同时加以个人品牌风格与设计特点，创造了现代意义上的高级时装品牌（Kawamura，2005）。

紧跟时代风潮的设计风格与卓越的艺术品位是杜塞在时装行业的发展的重要砝码，植根于法国时尚体系的杜塞高级时装屋运营方式使其消费群体更加稳固，扩大了品牌知名度，使之享誉 19 世纪末的法国时尚圈（图 6-6）。

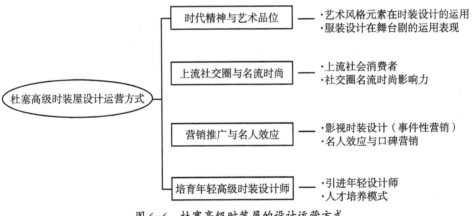

图 6-6 杜塞高级时装屋的设计运营方式

1. 时代精神与艺术品位

杜塞本人热衷于艺术品收藏，他是毕加索（Pablo Picasso）代表作《亚维农的少女》的第一位拥有者，这幅作品创作于 1907 年，开创了立体主义的先河，他的收藏还包括法国原始主义画家亨利·卢梭（Henri Rousseau）于 1907 年所创作的《玩蛇人》（现藏于巴黎奥赛美术馆）、野兽派画家马蒂斯（Henri Matisse）的《金鱼和调色板》（现藏于纽约现代艺术博物馆）等（Joanne，2015）。

对艺术品位的追求影响了杜塞的定制服装设计风格，他的高级定制时装作品中往往带着一丝不苟的品质与非同寻常的配色，体现了他的艺术修养与时尚把握。杜塞本人更是承认，仅从事高级时装设计很难满足他对于艺术的追求，对艺术品收藏的狂热反之又成为他设计灵感的来源（戈巴克，2007）。

2. 上流社交圈与名流时尚

杜塞对社会风貌的更迭有着敏锐的洞察力，而这一时期的法国女性服饰正经历着从近代传统到现代时尚的转变。服装样式上，杜塞对女装的设计旨在突出"S"形身材特征，对女性身体曲线的展示与美感的追求使杜塞品牌吸引了大批时尚女性消费者。同时，杜塞对女性消费群体的界定打破了旧社会的阶级制度，以往的高级时装屋仅面向上层阶级开放，但杜塞高级时装屋的客户不仅有上流社会的贵族，富裕女演员、交际花等均是常客。杜塞高级时装屋因其本人的时尚影响力与多元顾客类型，加之名人效应、口碑传播等时尚传播方式的灵活运用在 19 世纪末声名远播（杨道圣，2013；Battaglia，2014）。

3. 营销推广与名人效应

杜塞品牌最出名的高级定制作品就是为各类女演员设计的舞台服装，并通过影视与戏剧作品吸引媒体、消费者与社会团体的广泛关注。自 1912 年起，杜塞的高级时装设计时常登载在时尚杂志《佳品日报》（*La Gazette du Bon Ton*）上。这种集名人效应、广告效应、公共关系及客户关系于一体的运营方式使杜塞高级时装屋快速提高了知名度与美誉度（王梅芳，2015）。

4. 培养年轻设计师

1896—1912 年，杜塞高级时装屋吸引了许多年轻设计师的加入，其中包括保罗·波烈、玛德琳·维奥内等。虽然他们后期纷纷自立门户，但他们无论服装设计方式或是高级时装屋运营方式，都或多或少受到杜塞的影响，他们共同营造了 20 世纪欣欣向荣的高级时装产业，为法国时尚的世界地位奠定了基础。对于杜塞而言，他所运营的时装屋通过广泛吸纳时尚人才丰富高级定制时装屋的内涵，为品牌不断注入新鲜血液。

在法国时尚历史进程中，19 世纪是近现代法国时尚文化、时尚产业的萌发期，也是法国时尚体系成形的重要历史阶段。杜塞高级时装屋的运营发展植根于 19 世纪的法国时尚体系，囊括了设计生产、消费推介、人才培育等时尚体系构建要素。19 世纪末至 20 世纪初高级时装屋的典型设计运营方式如图 6-7 所示。

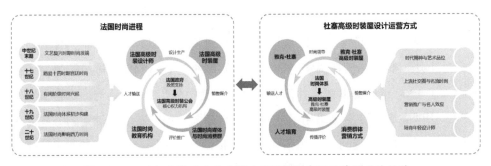

图 6-7　19 世纪法国时尚体系影响下的杜塞高级时装屋设计运营

（三）案例小结

19 世纪末，以高级时装产业的萌蘖发展为表征，法国开始掌握西方时尚话语权，这与其特色的区域时尚文化及系统的时尚体系构建密不可分，也为后续西方时尚的发展提供了可以借鉴的历史样本。此后直至二战前，法国几乎是唯一的西方时尚腹地，西方时尚始终仰望法国巴黎。法国时尚体系植根于政府、工会、定制设计师、高级时装屋、时尚媒体、时尚教育等构成要素，为高级时装产业的发展奠定了基础，并涌现了沃斯、杜塞、波烈、夏帕瑞丽等一批享誉西方的法国高级时装设计师。其中，杜塞高级时装屋以与前沿艺术的结合独树一帜，聚焦当时的时尚社交圈，以名人效应与公共关系为时尚传播手段，以年轻设计师培养为人才储备，成为法国高级时装产业与高级时装屋的早期代表之一。基于历时性与共识性研究视角，杜塞高级时装屋是西方时尚进程中的典型案例与历史样本，也是由点及面的时尚体系研究切入点。

三、波烈高级时装屋

19 世纪末至 20 世纪初的法国，伴随世界政治格局、经济体制、艺术思潮、社会生产方式骤变，旧资产阶级逐渐退出历史舞台，取而代之的是价值观念与审美趣味迥异的新兴资产阶级群体。以保罗·波烈为代表的高级时装设计师群体较早地意识到了时代精神、销售对象、生产方式的骤变，审时度势地调整了设计运营方式。一方面，回应"东方主义"与"女性主义"兴起，保罗·波烈创造性地将东方服饰形制纳入西方服饰审美体系；另一方面，保罗·波烈首创"沉浸式时尚聚会"展演方式，综合展示设计、事件性营销以提升消费体验。此外，这一时期的保罗·波烈、查尔斯·沃斯、雅克·杜塞等高级时装设计师群体先后拓展海外市场。其中，沃斯高级时装屋与杜塞高级时装屋响应法国政府号召，积极参与了 1900 年巴黎世博会并作为主力参展其中的"纱线织物与服饰宫展览"。自此，法国高级时装屋多采用了一种艺术与商业兼容并蓄的设计运营方式。也为此后保罗·波烈萌发海外市场拓展计划，借助当时美国相对先进的时尚传播媒介，以演说、展览等形式积极传递设计理念，为树立高端且有内涵的"法国高级时装设计师"形象埋下伏笔。作为 20 世纪初法国高级时装产业发展进程中的历史样本与法国时尚世界话语权建构过程中的标志性品牌，保罗·波烈高级时装屋的设计运营方式及其所映射的时代精神启发当下。

（一）世纪之交的法国高级时装产业与高级时装屋

高级时装产业萌芽于 19 世纪中叶的法国，高级时装在法语中的表述为 haute couture，其中"haute"指"高级"，"couture"指"缝纫"，高级时装即两者的结合。在高级时装产业萌芽阶段，时尚消费群体包括法国皇室贵族与旧资产阶级。一方面，高级时装满足了他们对奢华衣着的物质需求；另一方面，契合了当时上流社会的审美趣味与炫耀式生活方式。

19 世纪末至 20 世纪初，工业革命洗礼下的法国历经了生产方式、社会结构、人文思潮等方面的剧变，新兴资产阶级逐渐取代了贵族阶级，成为时尚的引领者。此后的半个世纪中，以查尔斯·沃斯、保罗·波烈、雅克·杜塞、艾尔莎·夏帕瑞丽为代表的一批高级时装设计师逐一登上时尚历史舞台。其间，法国政府始终致力于提升法国时尚的世界话语权，因此在 1900 年的巴黎世博会上，法国政府积极推出当时巴黎最负盛名的沃斯与杜塞高级时装屋参展（Inoue-Arai，2000）。于是，沃斯与杜塞响应法国政府号召，积极参与了 1900 年的巴黎世博会中的"纱线织物与服饰宫展览"（Le Palais des Fils et Tissus et Vêtements），以提升巴黎的世界时尚影响力。这次商业性展览推进了法国高级时装屋的全球征程，也为后续法国高级时装屋探寻到一种艺术与商业并举的设计运营方式。曾在沃斯与杜塞高级时装屋学习过的保罗·波烈深受影响，在成立自己的高级时装

屋后也积极拓展海外市场，而后这一市场拓展方式成为法国高级时装屋的普遍
做法（凌玲，2018）。

19世纪末20世纪初，在国际妇女权利大会召开影响下，法国女性主义运
动风靡，这一时期的高级时装设计师群体也开始了响应时代精神转变的设计思
考。波烈作为其中的典型案例，通过取消女性紧身胸衣解放女性身体的设计，
转变了西方时尚一贯塑造形体的审美视角，将法国高级时装带入一个全新发展
时代。一方面，他受到新艺术运动的影响，创造性地将东方服饰形制纳入西方
审美体系，并联合当时活跃于巴黎艺术圈的俄罗斯芭蕾舞团及其领袖贾吉列
夫[①]（Serge Pavlovich Diaghilev）共同推进"东方风格"，风靡巴黎；另一方面，顺
应19世纪末的女性主义浪潮，迎合西方新兴资产阶级女性群体期望解放身体的
集体诉求，他审时度势地推出了宽松廓形的服饰品（Troy，2002）。

（二）保罗·波烈高级时装屋始末

保罗·波烈（1879—1944年）出生于巴黎的一个布商家庭，自1896年起先
后任职于杜塞高级时装屋、沃斯高级时装屋。在杜塞高级时装屋工作期间，波
烈所设计的赤罗纱斗篷（Red Cloth Cape）[②]热销，但他很快离职入伍。退伍后
的波烈又于1901年加入了沃斯高级时装屋，负责设计简洁实用的裙装，随后
于1903年开设了保罗·波烈高级时装屋（Bowles，2007）。以一战为转折点，可
将保罗·波烈高级时装屋27年的存世时间（1903—1929年）划分为三个阶段
（Karimzadeh，2007）（图6-8）。

---

① 贾吉列夫从1907年起，每年利用假期举办俄国演出季，组织俄国音乐家舞蹈家去欧洲主要国家巡回
演出。1909年5月在巴黎首届芭蕾演出季上，演出了《阿尔米达的帐篷》《埃及之夜》《仙女们》等米哈伊
尔·福金的作品，获得巨大成功，并于1913年正式成立贾吉列夫俄罗斯演出团。

② 赤罗纱斗篷由红色羊毛制成，领口样式为翻领，搭配着灰色双绉衬里，由保罗·波烈于1898年为杜塞
高级时装屋设计。

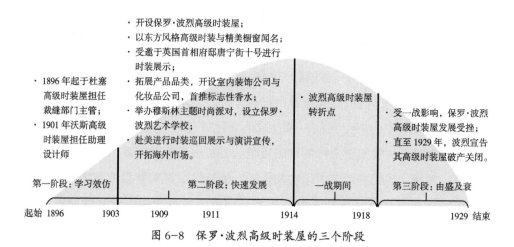

图 6-8 保罗·波烈高级时装屋的三个阶段

1. 学习效仿阶段

保罗·波烈自小熟悉面料生意[1]，对时装有着极大热情，青年时期就自学高级时装设计并将设计稿出售给知名的高级时装设计师。1896 年，波烈开始为当时法国巴黎最负盛名的高级时装设计师雅克·杜塞工作，并很快就从设计助理晋升为裁缝部主管。1901 年，完成兵役后回到巴黎的保罗·波烈又受雇于沃斯高级时装屋，但由于设计过于前卫而很快离职。这一阶段的波烈学习了沃斯与杜塞高级时装屋的运营方式，且设计思想不断成熟，为后来保罗·波烈高级时装屋的独立积累了必要的设计与运营经验。

2. 快速发展阶段

1903 年，24 岁的保罗·波烈在获得家族资助后，在巴黎欧泊街五号开设了自己的高级时装屋。此后，保罗·波烈高级时装采用的"自由女性主义"[2] 设计风格吸引了来自新兴资产阶级的女性群体，加之标识性的精美橱窗设计，保罗·波烈高级时装屋很快在巴黎时装界崭露头角。此时的波烈便开始尝试借鉴东方传统纹样与宽松廓形进行高级时装设计，1905 年推出的以中国元素为灵感的高级时装"孔子"是波烈最早的东方风格设计尝试。在这一阶段，波烈高级时装屋的影响力不断提升，不仅享誉巴黎，而且闻名欧洲（Troy，2002）。1909 年，玛戈

---

[1] 保罗·波烈的父亲奥格斯特·波烈（Auguste Poiret）是一位在巴黎有影响力的布商，从小接触面料为波烈日后在高级时装业的发展奠定了基础。

[2] 自由女性主义（liberal feminism），风行于 18 世纪到 20 世纪 60 年代，关注女性的个人权利和政治、宗教自由，女性的选择权与自我决定权。

特·阿斯奎斯（Margot Asquith）[1] 就曾邀请波烈于唐宁街十号的英国首相府展示其作品，为波烈高级时装屋吸引了大批英国上流贵族顾客。

1910年左右，谢尔盖·贾吉列夫领导的俄罗斯芭蕾舞团风靡欧洲，东方主义艺术风格风流行，为波烈推出东方主义风格的高级时装设计作品完成了相应的市场准备。自此，波烈完全进入东方主义风格为核心的设计阶段，陆续推出的"土耳其蹒跚裙""灯笼裤"等作品均吸收了大量中东传统服饰元素，东方主义也成为保罗·波烈高级时装屋的标识性设计风格。成名之后，波烈还涉足了服饰品、化妆品甚至室内装饰，并以他的两个女儿"罗莎"（Rosine）和"玛汀"（Martine）为名创立了波烈高级时装屋附属的化妆品与室内装饰公司。保罗·波烈的经典设计多诞生于在创立高级时装屋后的十年（1903—1913年），1913年一战前夕，保罗·波烈的时尚影响力也达到了巅峰，他不仅被巴黎高级时装界称为"时装大帝"（Le Magnifique），还在美国被誉为"时尚之王"（King of Fashion）。

3. 由盛及衰阶段

第一次世界大战成为保罗·波烈高级时装屋的由盛及衰的转折点。1914年，波烈主动应征入伍，一度中止了对其高级时装屋的运营管理。这一举动为欧美各大主流时尚杂志所报道，可见波烈此时在高级时装产业内的地位举足轻重。1916年，波烈再次应征入伍，在战争期间的波烈无暇设计高级时装，战后疏于经营的波烈高级时装屋已几近破产。同时，由于战后社会变革，人们更为关注城市重建与经济复苏，巴黎也涌现出一批以香奈儿为代表的新兴设计师，冲击了原有的高级定制时装市场，波烈奢靡的设计风格已难以契合新的市场需求。

（三）保罗·波烈高级时装屋的设计与运营者

1. 保罗·波烈所承担的设计职能

作为高级时装屋的创建者，保罗·波烈一方面调整了所设计高级时装的艺术风格、服装结构、面料色彩等设计要素，顺应当时女性主义、东方主义风格的兴起，借鉴东方服饰结构，创造性地采用了一种融合东西的服装设计方式；另一方面，保罗·波烈积极拓展现有产品线，甚至成立了独立的香水与室内装饰公

---

[1] 玛戈特·阿斯奎斯，英国首相 H.H. 阿斯奎斯（1852—1928年）的妻子。

司，为后来波烈标识性的展演式时装展示形式提供了必要的实践基础与技术支持（图6-9）。

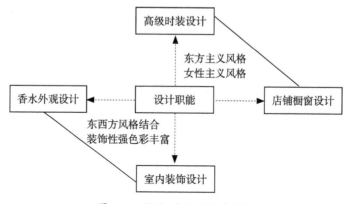

图 6-9 保罗·波烈的设计职能

2. 保罗·波烈所承担的运营职能

20世纪初的法国高级时装屋正处于不断完善的发展进程中，这一时期的高级时装屋设计与管理的职能多集中于高级时装设计师一人。正是因为波烈同时承担高级时装屋的运营决策工作，确保了波烈高级时装屋强烈的个人主义色彩，其首创的沉浸式时装展演方式、事件性促销推广均独树一帜，但同时也为战后保罗·波烈高级时装屋与时代精神背离、一意孤行地坚持推出奢华风格服饰与展演方式埋下了伏笔，最终导致时装屋关闭（图6-10）。

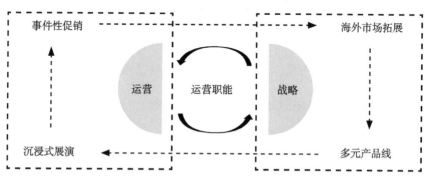

图 6-10 保罗·波烈的管理者职能

（四）保罗·波烈高级时装屋综合分析

1. 保罗·波烈高级时装屋的设计创新

在时装屋运营初期，波烈响应当时的女性主义运动与"解放女性身体"的时代诉求，推出了一系列裁剪宽松的高级时装，以摆脱象征男权审美的紧身胸衣的束缚。同时，受新艺术运动"东方风格"与"师法自然"观念影响，波烈创造性地将东方服饰形制纳入西方服饰的审美体系中。

1905 年以后，保罗·波烈高级时装屋陆续推出了多个融合东西艺术风格的高级时装系列，均采用了以解放身体为目的的宽松式样。这类线条流畅、设计简洁，以强调肩部为支点的披挂式设计取代了西方服饰一贯强调胸腰差的服饰审美。波烈还在服装纹样方面运用了具有东方文化象征意味的动、植物图案，以展现浓郁的东方风格（韩琳娜，2013）。这种典型的东方审美样式一方面迎合了新兴资产阶级女性解放身体的集体诉求，另一方面则满足了当时西方世界对东方文化的猎奇心态。保罗·波烈高级时装屋设计作品系列与风格变化见表 6–2。

表 6–2 保罗·波烈高级时装屋设计作品系列与风格变化

系列名称	设计系列	推出时间
"孔子"	结合中国传统纹样，采用中式服装廓形	1905 年
"午茶装"	结合日式和服与古典西式服装，并用宽松的裁剪方式	1909 年
"土耳其蹒跚裙"	吸取中东服饰特点，收紧下摆式长裙	1910 年
"灯笼裤"	结合土耳其传统妇女裤装样式进行设计	1912 年
"穆斯林"	吸收中东和日本和服的外形，使用东方式衣片	1913 年
"自由"	吸收东方裁剪方法的设计，借鉴东方式袖片	1913 年

纵览保罗·波烈高级时装屋的设计作品，无一不体现了浓郁的东方艺术风格与解放女性身体的设计宗旨，东方主义与女性主义风格更贯穿了保罗·波烈设计生涯的始终。从早期的"孔子""午茶装"到后期的"穆斯林"系列、"土耳其蹒跚裙"，波烈不断进行着东方风格的设计尝试，将宽松廓形纳入西方审美，对典型东方纹样的再设计，区别于以往沃斯、杜塞的高级时装纯然的西方审美视角，跳脱于法国高级时装设计的固有模式之外。

2. 保罗·波烈高级时装屋的运营创新

受工业革命洗礼，20世纪的法国经济发展，社会分工细化。为满足新兴资产阶级群体需求，以百货商场为主的新零售应运而生，大众的视觉展示与消费体验也倍受重视。基于这一时代转变，波烈对其高级时装屋的运营方式进行调整，一方面他从视觉展示方面入手，通过打造具有浓郁东方风格的橱窗展示与店铺装饰风格提升消费体验；另一方面，他创造性地推出了"沉浸式时尚聚会"展演方式。其中最为著名的是1911年举办的"一千零二夜"（Thousand and Second Night），聚会现场从室内装饰、音乐到餐宴酒会，均营造了浓郁的中东皇室宫廷氛围，波烈与妻子更穿着当季的"穆斯林"系列高级定制时装亲自迎宾。这场综合了产品、体验、事件性促销的"沉浸式时尚聚会"使保罗·波烈高级时装屋风靡法国巴黎（李亮之，2001；张夫也，2006）。

3. 保罗·波烈高级时装屋的战略创新

法国高级时装的海外拓展事实上始于19世纪60年代，彼时就已有美国与欧陆的顾客前往法国巴黎购买、定制高级时装。在1900年法国巴黎世博会的高级时装展览后，法国高级时装产业的世界影响力达到全新的高度，并催生出法国高级时装产业鲜明的设计与市场并重的发展模式。

19世纪90年代以后航海交通不断发展，使海外出行愈加便利，加之高级时装屋的市场发展需求，促使波烈积极拓展海外市场。1913年9月，波烈亲自策划了"尖塔"系列时装展览活动，并以此为契机开拓了美国市场。在为期一个月的美国巡展活动期间，波烈对包括纽约在内的美国东北部和中西部主要的城市进行了访问，在所到城市进行时装展览并积极配合当地电台媒体与时尚杂志进行宣传。此外，他结合美国当地最为主流的销售方式，主动与高级百货商场管理层接触，建立战略合作伙伴关系，以寻求更好的市场机遇与销售渠道；他还在哥伦比亚大学等著名学府进行高级时装设计理念的系列宣讲，以谋求美国大众认知并吸引美国上流社会客群（郑巨欣，2014）。

作为当时少数从设计理念入手宣传高级时装屋的设计师，波烈通过植根"女性自由"的设计思想，获得了美国女性（尤其是社会精英阶层）的认可，并运用展览、电台、影像等当时的新兴时尚传播媒介逐步打开了美国市场（Parkins，2012；Caddy，2008）。波烈高级时装屋的品牌战略创新推动了自身海外特别是美国市场的拓展，并为法国高级时装设计的整体高端形象塑造做出贡献。

（五）案例小结

1. 设计政策推动下的法国高级时装产业

设计政策是从政策层面进行的顶层设计，设计对象是产业与品牌发展，是从宏观层面对产业所制定的战略战术，其制定过程往往受到特定时代国家整体发展态势与目标的客观影响。因此，我们对法国高级时装品牌萌芽阶段的设计管理分析须放置于特定的时代语境中。

回望西方时尚发展历史，法国自路易十四以来逐步架构起时尚话语权体系，其间的设计政策也为法国时尚产业发展做出贡献。1868 年，法国高级时装统一化管理组织成立，即高级女装协会（Chambre Syndicale de la Couture, des Tailleurs pour Dame），自此，法国政府开始积极作为以支持高级时装产业发展，并出台相关政策以规范法国高级时装产业。1900 年，法国政府专门在巴黎世博会中开设"纱线织物与服饰宫"，以展示巴黎乃至全法国最前沿的面料和高级时装，旨在将巴黎高级时装产业推向世界时装市场，以进一步稳固提升巴黎在世界时尚产业的地位。

1911 年，法国高级女装协会正式更名为巴黎高级时装协会（Chambre Syndicale de la Couture Parisienne），扩大了管理范围并且有了规范的行业准则以推动法国高级时装产业发展，法国政府也将高级时装产业视为国家重点发展产业。1945 年，法国政府出台正式律法，将巴黎高级时装协会在法律层面合法化，经法国政府工业部下属的专门委员会批准的时装设计师才有资格获得高级时装设计师的称号，并规定只有获得称号的高级时装品牌才能正式加入法国高级时装协会。

回望历史，法国高级时装产业发展初期就受到国家设计政策助推，也同样在设计政策的影响下，高级时装屋的设计运营方式不断完善，并形成自身兼顾设计与市场的特征。19 世纪及后半叶以来逐渐完善健全的高级时装产业法规与相关设计政策均是法国高级时装屋乃至当今高级时装产业发展的重要支持力量。

2. 保罗·波烈高级时装屋的辉煌与短暂存世

在保罗·波烈高级时装屋经营前期，作为设计师与管理者的波烈主动迎合新兴资产阶级消费者的时尚诉求，推出了具有创新理念的设计风格与运营管理实践活动，其奢靡猎奇的设计风格与当时东方主义、女性主义的风格呼应，并从客观上推动了巴黎高级时装产业的发展与世界影响力。然而，一战后阶段的波烈固守原有奢华猎奇的设计风格与铺张惊艳的时装展演形式，忽视了战后社会经济与消费群体的转变，特别是战后物资匮乏、百废待兴的客观情况，加速了保罗·波烈高级时装屋的衰亡。由于与时代精神的背离，保罗·波烈高级时装屋仅仅存世 17 载。

但整体看来，波烈是 19 世纪末到 20 世纪初法国高级时装产业发展进程中的典型案例，其设计与运营方式在当时均具有超前性。第一，在设计方面，波烈顺应女性主义运动的发展与解放女性身体的时代诉求，吸收新艺术运动以及东方主义风格元素，创造性地将东方服饰形制纳入西方时尚审美体系；第二，在运营方面，波烈以消费体验为中心，推出"沉浸式时尚聚会"展演方式，推动了时装展示方式创新；第三，在战略方面，波烈赴美开展时尚展览与演讲，借助当时美国相对先进的传播媒介，对其高级时装屋进行海外推广宣传，以提高法国高级时装在美国市场的知名度与美誉度，为后续如艾尔莎·亚帕瑞丽等法国高级时装设计师进入美国市场奠定了基础，有助于提升 19 世纪至 20 世纪法国高级时装设计师的世界影响。

3. 不约而同地集体选择与设计运营思考——谈法国高级时装屋的设计管理

设计管理相关的研究始于 1965 年英国《设计》杂志发表的八篇重要文章，这八篇文章展开的阐述是关于设计管理概念讨论的起点。其中迈克尔·法尔（Micheal Farr）撰写的"设计管理：为什么现在需要它？"（Design and Why We Need It？）对设计管理的概念阐释最为经典，他认为设计管理最主要为解决设计问题而服务，应关注设计本身，如为何设计、如何使用等问题（Gross，1985）。基于这一界定，我们审视保罗·波烈高级时装屋的设计运营方式，特别是结合 20 世纪初的法国社会人文背景审视波烈寻求解决设计问题的方式方法。面对 20 世纪初法国女性主义与东方风格的兴起，当时的法国高级时装屋已无法满足因时代精神转变与女性解放身体的时代诉求催生的新需求。于是，波烈使女性摆脱了紧身胸衣的束缚的宽松设计和首创的"沉浸式"时尚展演等方式，使保罗·波烈高级时装屋的设计运营方式具有了某种与设计管理思想契合的意味。

此外，世纪之交的法国高级时装设计师群体，如查尔斯·沃斯、杜塞、艾尔莎·夏帕瑞丽，以及本书提及的保罗·波烈，均不约而同地采用了一种回应市场需求，甚至具有设计管理意味的设计与运营方式。回望历史，不难发现：首先，这一时期的高级时装屋均由高级时装设计师一人承担设计师与管理者职能；其次，这一时期的高级时装设计师以解决设计问题为主要导向，兼顾高级时装屋的设计效率与盈利能力；最后，这一时期的高级时装屋设计与运营方式，显示出了设计、运营、战略三个方面的积极创新（图6-11、图6-12）。

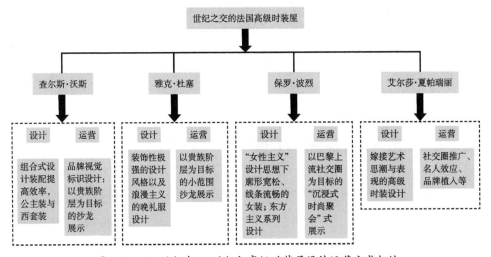

图6-11 19世纪末20世纪初高级时装屋设计运营方式归纳

综合上述，以保罗·波烈高级时装屋为典型案例，其设计与运营方式实际上是19世纪末20世纪初高级时装设计师的集体选择，他们往往肩负设计与管理职能，并积极采用设计、运营、战略创新以推进高级时装屋的高效运营，甚至积极拓展海外市场，寻求更多市场发展机遇。这些百余年前的高级时装屋中有些与时俱进并得以繁荣至今，有些则已然消逝在时尚的历史进程中。但他们在一个多世纪以前采用的带有设计管理萌芽阶段意味的设计与运营方式启发当下，并作为早期研究样本为当下的设计管理研究做出贡献。

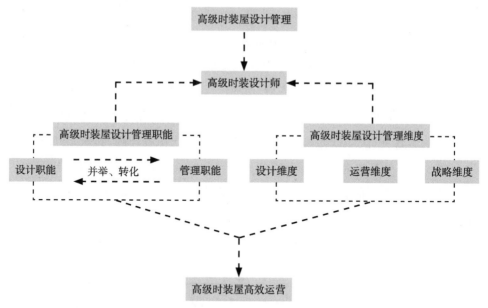

图6-12　19世纪末20世纪初法国高级时装屋的设计管理视角分析

四、马瑞阿诺·佛坦尼高级时装屋

19世纪下半叶，欧洲大规模生产和工业化方兴未艾，大批量外形粗糙简陋的工业产品投放市场，连带大批艺术家与手工艺人失业，以约翰·拉斯金（John Ruskin）及威廉·莫里斯（William Morris）为代表的设计师抵抗工业化带来的艺术与技术失衡，渴望重建手工艺的价值，欧洲遂爆发工艺美术运动（1860—1910年）。工艺美术运动要求艺术家必须严格控制创意行为的各个方面及设计的整个过程。马瑞阿诺·佛坦尼（Mariano Fortuny）时逢欧洲工业革命及工艺美术运动交汇的时期，在时装设计中较好地将艺术与技术、手工艺与机械化生产结合，尝试使用机械制造其设计的纺织品，同时兼具控制研发、设计、生产、销售、传播等多方位的能力，进而推进马瑞阿诺·佛坦尼高级时装屋到佛坦尼公司的转型升级。马瑞阿诺·佛坦尼高级时装屋既是欧洲工艺美术运动进程中的时尚个案，又跳脱于工艺美术运动将艺术与技术完全对立的弊端，其设计与运营模式极具时代价值。

（一）马瑞阿诺·佛坦尼高级时装屋创建发展

1. 创建阶段（1902—1906 年）

1871 年，马瑞阿诺·佛坦尼出生于西班牙艺术家家庭，童年便接触了各种艺术品、文物、纺织品。家庭环境的熏陶促使马瑞阿诺·佛坦尼自小表现出时装设计方面的天赋。他于 1902 年在奥尔费伊宫创立工作室，从事时装及纺织品的设计生产。在家庭环境的熏陶加之后期的实践经历的推动下，马瑞阿诺·佛坦尼于 1906 年成立了高级时装屋。

2. 发展阶段（1907—1918 年）

马瑞阿诺·佛坦尼在其高级时装屋成立后，积极尝试多样化的实践路线，先后于 1907 年创建织物研究工作室，于 1908 年在巴黎注册"佛坦尼（Fortuny）"商标，于 1909 年推出标志性"迪佛斯"褶皱连衣裙（Delphos dress），并于 1912 年在法国巴黎开设门店，逐步推动马瑞阿诺·佛坦尼高级时装屋继续向前发展，奠定了其后续商业成功的基础。

3. 转型阶段（1919—1948 年）

尽管 20 世纪 20 年代先后面临法西斯独裁统治、美国华尔街崩溃后全球经济大萧条所施加的贸易限制等诸多挑战，但是马瑞阿诺·佛坦高级时装屋运营积极维持正常运营，并成功转型为佛坦尼公司。马瑞阿诺·佛坦尼于 1919 年注册了佛坦尼股份公司（Societa Anonima Fortuny），于 1922 年正式成立佛坦尼公司（Fortuny，Inc.），先后于意大利朱代卡岛建立纺织厂，于法国巴黎开设小型精品店，于美国纽约列克星敦大街的商铺出售商品并于纽约开设门店。

4. 持续发展阶段（1949 年至今）

1949 年，设计师去世及二战的影响致使马瑞阿诺·佛坦尼高级时装屋关闭，由美国商人埃尔西·麦克尼尔·李（Elsie McNeil Lee）接管了佛坦尼公司继续经营纺织品业务，该公司后于 1998 年归米奇·利雅德和莫瑞·利雅德（Mickey and Maury Riad）所有。佛坦尼面料现在全球 100 多个独立陈列室中出售，其客户包括彼得·马里诺（Peter Marino）、迈克尔·史密斯（Michael Smith）、凯莉·韦斯特勒（Kelly Wearstler）等知名设计师。

（二）马瑞阿诺·佛坦尼高级时装屋的设计模式

马瑞阿诺·佛坦尼时装屋的开设与营运时逢欧洲工艺美术运动及第二次工业革命的交汇时期，其设计模式摒弃了工业革命追求产量而忽视美感、工艺美术运动完全将技术和艺术对立起来的局限，而是融合了工艺美术运动复兴手工艺的特色及工业革命引发的技术与发明优势，探索出艺术与技术融合、研发付诸设计应用的设计模式。

1. 艺术与技术融合的设计模式

艺术表现。马瑞阿诺·佛坦尼的设计艺术表现集中体现在对其时装作品艺术风格、工艺、材质、款式等的调控上。马瑞阿诺·佛坦尼自小沉浸于古希腊文化中，其创作灵感多来源于中世纪及植物图案；马瑞阿诺·佛坦尼传承了高级定制时装的传统，以艺术风格再造的拜占庭刻板镀金工艺做出精美持久的时装；定位于上流富裕阶层，马瑞阿诺·佛坦尼高级时装多采用手工染色的天鹅绒、丝绸等华丽面料及天然宝石、淡水珍珠等辅料；马瑞阿诺·佛坦尼开辟了多样化的产品线和客户群体，为各界设计了大量的服装，包括神职人员的长袍、贵族阶级的礼服、演员的演出服、丧服等。除了纺织品和时装外，马瑞阿诺·佛坦尼还设计生产靠垫、壁挂、丝绸灯罩等家居摆设。

图 6-13 马瑞阿诺·佛坦尼纺织印花机
（图片来源：Twitter（现 X）／作者：
Fortuny@fortunyvenezia 原创）

技术表现。马瑞阿诺·佛坦尼受到第二次工业革命技术与发明热潮及工艺美术运动倡导复兴手工艺的影响，又跳脱于工业革命单纯追求批量化生产及工艺美术运动将艺术与技术完全对立的弊端，将技术融入艺术创作的过程中，开辟出了一条机器与手工艺协同发展的道路。马瑞阿诺·佛坦尼在面料、纸张的印刷和处理方面获得了超过 20 项的突破性专利。1907 年，马瑞阿诺·佛坦尼创建了织物研究工作室，同时引进金属印版、大型冲压模具、纺织印花机等器械设备，用于材质、工艺、原料等的研发（图 6-13）。例如，马瑞阿诺·佛坦尼通过深入研究日本和东南亚的手工印刷法，将模板印刷技术应用于面料印刷上，实现了色彩在面料上的精确印刷。再者，马瑞阿诺·佛坦尼从古老的拜占庭、意大利和非洲织物上获得灵感，将不同的织物以雕版印刷技术，再将图案喷刷上去，研发出了精美的天鹅绒面料。

技术与艺术融合的时装作品。"克诺索斯"印花头巾及"迪佛斯"晚装是马瑞阿诺·佛坦尼20世纪初最重要的作品，同时也是其技术与艺术融合的作品表现。1907年，马瑞阿诺·佛坦尼受德尔福（Delphi）战车的青铜雕塑及古希腊奥尼式服装的启发，采用从中国及日本引进的真丝及威尼斯穆拉诺玻璃珠，使用织物打褶的起伏器械装置将打褶技术应用于设计作品中，设计出风靡20世纪30年代的"迪佛斯"褶皱裙（图6-14），褶皱裙是艺术与技术融合的典型作品。"迪佛斯"晚装存放时可以拧起来，以保持百褶不变。每一件晚装由四片手工菇丝（hand-mushroom-pleated silk）构成，以圆柱形缝在一起，领口和袖子用束带线缝，底边用一排威尼斯穆拉诺玻璃珠垂重，用细丝线缝上腰线。

图6-14 德尔福战车的青铜雕塑及"迪佛斯"褶皱裙

（图片来源 Pinterest／作者：Fortuny 原创）

2. 研发付诸设计应用

马瑞阿诺·佛坦尼的时装设计生涯与欧洲工业革命发展的进程相交织，其擅长进行染料创新、工艺创新、材质创新方面的研发，同时将研发付诸设计应用，可见，早在 20 世纪初马瑞阿诺·佛坦尼就意识到研究与实践应用的重要性，其纺织品研发付诸设计应用的模式启发当代时尚品牌。

染料创新与设计应用。马瑞阿诺·佛坦尼结合自身的化学与美术知识，尝试多种方法进行纺织品染料的研发并应用于服装设计中。马瑞阿诺·佛坦尼研制的染料如图 6-15 所示，其采用透明瓶装并对每种颜料进行编号，初具现代化染料样式的雏形。马瑞阿诺·佛坦尼曾尝试将青铜、铝粉等金属粉末与颜料混合，研制出带有 16 世纪的天鹅绒般光泽的染料。考虑到金属颜料的使用成本和对自然环境的影响，马瑞阿诺·佛坦尼试验从天然动植物中提取色彩，包括从墨西哥胭脂虫中提取红色以及从布列塔尼进口的稻草中提取黄色。此外，马瑞阿诺·佛坦尼还研制出在不使用金属的情况下向给织物增加金属感色彩的方法，使染料产生全铝色的效果，并将其应用于 1936 年设计的黑丝绒斗篷长袍设计中。

图 6-15　马瑞阿诺·佛坦尼研制纺织品染料

工艺创新与设计应用。受第二次工业革命的时代环境熏陶，马瑞阿诺·佛坦尼积极展开了面料工艺的创新研究，在威尼斯奥尔费伊宫及朱代卡创建染纺，尝试工艺程序与工艺方法的纺织品研究，研制出热褶工艺、丝网印刷、染料叠加印染等创新工艺，同时指导工匠采用各种方法来校正面料码数。

"迪佛斯"褶皱连衣裙。1909 年，马瑞阿诺·佛坦尼申请了"迪佛斯"褶皱连衣裙的两项专利：一项是希腊样式长袍的设计专利（法国专利 408.629）

（图6-16），另一项是处理打褶织物的起伏装置的专利（法国专利414.119）
（图6-17）。1907年，马瑞阿诺·佛坦尼受德尔福战车的青铜雕塑及古希腊奥尼
式服装的启发，设计出经典的"迪佛斯"褶皱连衣裙。

 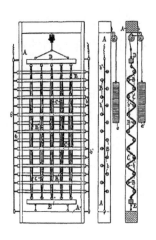

图6-16 "迪佛斯"设计专利中包含的插图　　图6-17 真丝织物压褶系统的插图
　　　　（法国专利408.629）　　　　　　　　　　（法国专利414.119）

1910年，马瑞阿诺·佛坦尼申请了染料叠加印染工艺的专利，染料叠加印染可使面料表面产生细微丰富的色调变化，使丝绒面料产生浮雕的效果及宝石般的光泽。此外，马瑞阿诺·佛坦尼对日本和东南亚模板印刷进行了研究，将色彩精确地印到布料上。

材质创新与设计应用。马瑞阿诺·佛坦尼凭借对色彩和工艺的独到理解，结合纹样设计积极展开纺织品印花实验，研制出了带有浮雕效果的天鹅绒、"迪佛斯"褶皱等面料，应用于面料工业生产及服装设计。1907年，马瑞阿诺·佛坦尼发明了一种细密的褶皱面料后申请了专利，并用这种面料设计制作了风靡20世纪30年代的"迪佛斯"晚装。马瑞阿诺·佛坦尼还对染料进行分段染色，将天然染料和苯胺染料分层，偶发性地掺入试剂以创造随机性很强的色彩效果，产生随机透明的面料。此外，马瑞阿诺·佛坦尼将金属类油墨手工印刷到天鹅绒、丝绸等复古的面料上，研发出一种带有锦缎般的华贵纹理的面料，并将其制作成精致华丽的时装。

（三）马瑞阿诺·佛坦尼高级时装屋的运营模式

20世纪初，马瑞阿诺·佛坦尼就已具备先进的品牌运营思维，全方位把控个性化的品牌标识，纸媒传播、时装展览及社交圈推广的品牌传播，生产与代理销售模式，定制、包装与售后服务等运营模式，逐步推动了马瑞阿诺·佛坦尼高级时装屋到佛坦尼公司的转型升级。

个性化的品牌标识。马瑞阿诺·佛坦尼较早地意识到品牌标识的重要性，为马瑞阿诺·佛坦尼高级时装屋自主设计了最初的标识且于1908年在巴黎注册了"Fortuny"商标，并不断改进优化，逐步形成了具有辨识度的品牌标签。最终的标签是一块用金色金属油墨手工印刷，缝在每件礼服的衬里上的圆形丝绸。

传播推广。马瑞阿诺·佛坦尼高级时装屋的传播推广模式包括纸媒传播、时装展览及社交圈推广等多种渠道，在一定程度上提升了马瑞阿·佛坦尼高级时装的知名度。纸媒传播的媒介形式囊括英国版《时代（伦敦版）》（*London Times*）、美国版 *Vogue* 及《室内装潢师》（*The Upholsterer and interior decorator*）等知名杂志，1923年，*Vogue* 杂志5月刊发表了一篇文章"佛坦尼将美传递到美国（The Beauty of Fortuny is Brought to America）"，其中囊括了佛坦尼位于麦迪逊大街509号原始商店的地址。此外，1925年，《装潢与室内装饰》发表了"Fortuny of Venice"，这篇文章介绍了马瑞阿诺·佛坦尼位于奥尔费伊宫的工作室及纺织品（图6–18）。

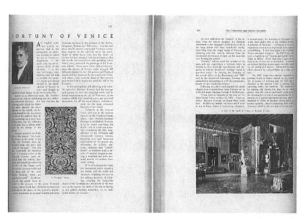

图6–18　在 *The Upholsterer and interior decorator* 上发表的文章 "FORTUNY OF VENICE"
（图片来源：Twitter（现X）/ 作者：Fortuny@fortunyvenezia 原创）

时装展览涵盖了卡纳瓦雷博物馆及 1900 年法国巴黎世界博览会，为马瑞阿诺·佛坦尼高级时装屋的业务拓展提供了专业的展示平台。1927 年，美国商人埃尔西·麦克尼尔参观了法国巴黎的卡纳瓦雷博物馆，并被作为参展商之一的佛坦尼公司的面料所吸引，继而前往威尼斯与马瑞阿诺·佛坦尼建立了长期的业务关系和友谊，同时获得了在美国销售佛坦尼商品的独家权利，从而使得佛坦尼高级时装屋开辟了美国市场。佛坦尼传播推广模式见表 6-3。

表 6-3　马瑞阿诺·佛坦尼高级时装屋的传播推广模式

传播形式	媒介（人／物）	国家	内容
纸媒传播	*Vogue*	美国	"迪佛斯"晚装刊登在 1935 年 12 月 5 日的 *Vogue* 杂志上
	London Times	英国	1980 年刊登的文章提到"迪佛斯"晚装可以在纽约市的专门转售的精品店中购买，其售价高达 4000 美元
	The Upholsterer and interior decorator	美国	1925 年发表文章 FORTUNY OF VENICE，介绍了马瑞阿诺·佛坦尼位于奥尔费伊宫的工作室及纺织品。
时装展览	1900 巴黎世界博览会	法国	参展 1900 法国巴黎世界博览会
	卡纳瓦雷博物馆	法国	20 世纪 20 年代参展卡纳瓦雷博物馆
社交圈推广	马塞尔·普鲁斯特（作家）	法国	创作《回忆事物》致敬马瑞阿诺·佛坦尼
	伊莎多娜·邓肯（舞蹈家）	美国	第一个戴上克诺索斯（Knossos）围巾的人
	洛丽亚·范德比尔特（社交名流）	美国	1969 年，在 *Vogue* 杂志的文章中称"迪佛斯"为"幸运之裙"
	多萝西·吉斯（演员）	美国	1926 年穿上"迪佛斯"晚装，由莱昂·高登作画
	佩姬·古根海姆（艺术收藏家）	美国	收藏了"迪佛斯"连衣裙

生产与代理销售。随着业务范围的不断拓展，马瑞阿诺·佛坦尼高级时装屋生产基地在奥尔费伊宫工坊的基础上设立了威尼斯朱代卡岛纺织厂，为其纺织品及时装销售提供了充足的生产力来源。马瑞阿诺·佛坦尼高级时装屋的销售模

图 6-19 佛坦尼公司位于美国麦迪逊大街的店铺
（图片来源：Twitter（现 X）/ 作者：Fortuny@
fortunyvenezia 原创）

式包括自产自销及代理销售。除去奥尔费伊宫一楼的商店以外，佛坦尼股份公司在巴黎和米兰设有零售店，并在都灵、热那亚、罗马、那不勒斯、马德里、苏黎世、伦敦和纽约等城市皆设有代理商。20 世纪 20 年代，马瑞阿诺·佛坦尼在纽约的一家陈列室出售其面料和家具，埃尔西·麦克尼尔安对佛坦尼公司进行了巨额投资。此外，马瑞阿诺·佛坦尼与巴黎著名的艺术品经销商古皮尔（Goupil）建立了业务关系，跨界合作带来声誉与金钱。

定制、包装与售后服务。早在 20 世纪初，马瑞阿诺·佛坦尼就意识到顾客服务的重要性，其高级时装屋为迎合消费者需求提供定制、包装与售后服务。1906 年，马瑞阿诺·佛坦尼在法国巴黎为私人芭蕾舞表演设计套装和服装时，设计制作了"克诺索斯"围巾，引起一时轰动，马瑞阿诺·佛坦尼自此开始定制服务。此外，"迪佛斯"连衣裙可以放置于圆柱形的精美包装盒中，客户可以将服装退还给朱代卡岛的海岛工厂，进行面料清洁和打褶服务（图 6-20）。

图 6-20 马瑞阿诺·佛坦尼"迪佛斯"连衣裙包装
（图片来源：Twitter（现 X）/ 作者：Fortuny@fortunyvenezia 原创）

（四）案例小结

意大利时装设计师马瑞阿诺·佛坦尼以其独树一帜的艺术设计风格启发了一代又一代的时尚从业者，其中不乏保罗·波烈、三宅一生、吉冈德仁、玛丽·麦克法登等知名设计师，因而他是 20 世纪以来最伟大的设计师之一。例如，1907年"迪佛斯"晚装推出后，美国晚装设计师玛丽·麦克法登受到"迪佛斯"连衣裙的启发，于 1976 年使用专有技术制作了褶皱真丝晚礼服。著名的褶皱大师三宅一生以马瑞阿诺·佛坦尼的热褶技术为灵感，在其基础上注入现代感，于 20 世纪 80 年代创作了褶裥面料，又于 20 世纪 90 年代推出了立体派褶皱系列。

佛坦尼高级时装屋是意大利时尚历史进程中的独特案例，马瑞阿诺·佛坦尼本人较早地意识到社会生产方式、时代环境的变化，积极展开设计运营与商业实践活动，并逐步形成艺术与技术融合、研究与设计一体化的领先设计模式，以及囊括营销推广、时装展览、知名社交圈、定制与售后服务等先进运营模式，进而成功推进马瑞阿诺·佛坦尼高级时装屋到佛坦尼公司的转型升级，并成为二战后意大利高级成衣产业发展与品牌转型的早期样本。

作为欧洲工艺美术运动的倡导者，马瑞阿诺·佛坦尼以客观的角度审视工艺美术运动的利弊之处，借鉴其对传统手工艺复兴之举的同时，批判其将艺术与技术完全对立的方式，并逐步探索出一条机器、艺术、商业兼容发展的道路，是工艺美术运动进程中具有标志性的时尚个案。纵览马瑞阿诺·佛坦尼高级时装屋的发展历程，其经历了 1914—1918 年的一战、1929 年美国大萧条以及伴随其后的经济大萧条所施加的贸易限制等诸多挑战，依然维持品牌的运营，多方位调控研发、设计、生产、销售、传播，开辟出研发付诸设计、设计付诸生产销售、而生产销售又回馈研发设计的链式模式，成为意大利时尚的早期历史样本，其设计与管理模式启发了当下的时尚品牌。

五、夏帕瑞丽高级时装屋

19 世纪末美国东部沿海纺织服装产业与教育项目布局，以及 20 世纪 30 年代曼哈顿服装区建立，为二战爆发以后的法、美时尚转承奠定了基础。此后，时尚中心逐渐由法国巴黎向美国纽约转移。其间，美国时尚经历了自效仿为主到自主创新的转承式发展进程，逐步形成了以"流行文化与大众消费"为特色的美国时尚文化与市场，为时尚产业发展做出贡献。这一历史进程中，美国政治经济的快速发展是主要动力，而二战引发的文化、艺术、产业、人才转移，与市场、价值观变化则是助推剂，为美国时尚发展创造了必备的科学、技术、文化、艺术条件。我们以夏帕瑞丽高级时装屋为典型案例，总结其法、美两个时期迥异的高级时装屋设计运营方式，以点带面地映射 20 世纪法、美转承互动的时尚进程。

（一）法、美时尚转承的历史进程

时尚作为设计的前沿部分，是各个时期时代精神的表现与集体审美趣味选择的结果。路易十四时期，在法国强盛国力支持与宫廷时尚驱动下，时尚中心逐渐由意大利、法国、西班牙等西欧各国向法国巴黎集聚。自此，以宫廷文化与高级定制为特色的法国时尚掌握了西方时尚话语权（Steele，2017）。第一次工业革命影响下，欧洲国家工业生产力与大众消费市场快速发展，推动了新的西方时尚中心出现。此后，二战的爆发使法国失去了时尚主导权，时尚中心也由法国巴黎逐渐向美国纽约转移。

1. 转承契机——因战争爆发被迫寻求自身风格的美国时尚

二战前，美国因积极吸收工业革命成果并顺应生产方式转变，使得以"大众成衣"为主的服装产业快速发展。同时，得益于 19 世纪美国东部沿海纺织服装产业与教育项目布局，近现代美国时尚体系萌发。但与历史悠久的法国相比，美国因缺乏深厚的文化底蕴与特有时尚风格而始终仰望效仿法国时尚。二战期间，受战争波及，法国众多高级时装屋被迫关闭，时尚活动停滞，美国对法国时尚的长期依赖被迫切断，却也间接加速了美国本土时尚体系与自身设计风格的成型。与此同时，美国的政治、经济与技术蓬勃发展，综合国力大幅度提升，为时尚中心的转移与时尚产业的发展奠定了物质基础，吸引了大批设计师、艺术家、科学家等为逃离战乱而移居美国。文化、艺术、人才、产业的转移与价值观念的转变间接催生了美国服装产业的"文化转型"与其他城市文化产业的崛起。美国顺应日渐强大的大众消费市场，并折中商业与艺术的矛盾，推动了以"流行文化与大众市场"为特色的美国时尚文化成型。

2. 转承要素——产业、艺术、文化、组织、媒介

美国纺织服装产业融合崛起的城市文化产业，经历了从效仿法国到自主创新的转承式发展。美国时尚的快速发展得益于纺织服装产业、人文艺术思潮、当代艺术与大众流行文化崛起、时尚组织与教育机构建立，以及时尚媒体等必备要素兼具。

（1）纺织服装产业

19世纪以来，以纺织服装产业为先导产业的美国工业蓬勃发展，美国生产总值在19世纪末反超英国，成为工业大国。至20世纪初，受到航运和移民的影响，纺织服装产业聚集于纽约下东区。伴随工业化和城市化进程，纽约纺织服装产业从小作坊开始转向机械化大批量生产阶段，在20世纪30年代形成了一条涵盖服装设计、生产、批发、销售等各个环节的产业链，并建构了曼哈顿服装区，为美国时尚产业的发展奠定了夯实的产业基础（Rantisi，2006）。

（2）人文艺术思潮涌入

二战前，立体主义、达达主义和超现实主义等艺术流派的作品在美国展出，冲击了美国人民对于写实主义的执着，开始接受现代主义。同时，一些本土的先锋派艺术家受到启发，力图打破欧洲在世界文化的统治地位，开始着力于孵化美国本土的当代艺术。二战期间，各类人才的涌入使欧洲的人文思潮与设计实践经验进入美国，加速了此后美国城市文化与当代艺术的崛起。

（3）大众流行文化形成

流行文化指在某个时间段对社会和广大受众的思想、行为造成影响的文化形态（石继军，2019）。流行文化主要依靠大众传媒得以传播。美国的流行文化有别于法国的宫廷文化与英国的贵族文化，具有明显的商业性与娱乐性。欧洲人文思潮的转移启发了美国现当代艺术与大众流行文化的崛起，诸如抽象表象主义，以及随后出现的波普艺术和街头文化等美国现当代艺术文化。同时，音乐、表演艺术、电影等艺术形式呈现出多元化发展态势，为美国纽约的服装产业提供了无限的设计灵感。纽约现代艺术博物馆、大都会艺术博物馆、林肯艺术表演中心和百老汇等文化机构的建立更确立了美国纽约的世界艺术中心地位。

（4）时尚组织机构发展

时尚组织机构为时尚体系的建立提供了源源不断的人才。1962年，美国时装设计师协会（CFDA）成立。在CFDA赞助下的年度时装设计师奖，培育了许多才华横溢的纽约本土设计师。除了美国时装设计师协会外，时尚国际集团（Fashion Group International，FGI）也为设计师提供了有关对时装业有影响的国内和全球趋势的信息，并举办一年一度的时装秀和商品展销会。FGI还制订了时尚教育与实习的计划，赞助时装业的公益活动，推进纽约时装产业发展（Hollander，1992）。

（5）时尚传播媒介转变

美国时尚早期发展的主要大众传播媒介是时尚杂志，同时，电影与电视的普及加速了时尚信息的迭代（赵春华，2014）。无论20世纪还是数字经济时代，时尚杂志始终是大众接收时尚资讯和流行文化最便捷的渠道之一，时尚编辑可以通过读者反馈了解最新的大众消费趋势与需求，并将这些反馈传递给设计师、制造商、批发商和零售商，形成协作。美国是当今世界主要时尚出版物集聚区，包括 *Harper's Bazaar*、*InStyle*、*Vogue* 和 *WWD* 等。这些时尚杂志拥有数量庞大的固定读者群，且具有一定权威性。20世纪以来，在强大的时尚传播的支持下，纽约逐渐成为与巴黎、伦敦、米兰比肩的世界时尚中心。

（二）以战争为转折的夏帕瑞丽高级时装屋发展

20世纪上半叶，以艾尔莎·夏帕瑞丽为代表的法国高级时装设计师以融合时装、艺术的设计风格，超前的品牌运营方式，给予当时正面临"文化转型"的美国时尚灵感。以往的研究集中于对夏帕瑞丽高级时装屋设计作品中蕴含的女性主义与超现实主义风格设计表现的分析，本节则以二战为转折点，将夏帕瑞丽高级时装屋（1927—1954年）的设计运营划分为三个阶段：法国阶段（1927—1941年）、美国阶段（1941—1945年）、重回法国阶段（1945—1954年）（图6-21）。本节通过探讨夏帕瑞丽高级时装屋在不同阶段的设计风格与运营方式，以点带面映射法、美时尚转承互动的历史进程。

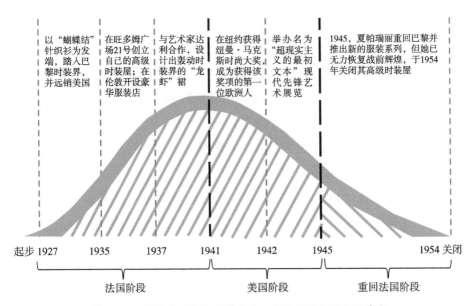

以"蝴蝶结"针织衫为发端，踏入巴黎时装界，并远销美国

在旺多姆广场21号创立自己的高级时装屋；在伦敦开设豪华服装店

与艺术家达利合作，设计出轰动时装界的"龙虾"裙

在纽约获得纽曼·马克斯时尚大奖，成为获得该奖项的第一位欧洲人

举办名为"超现实主义的最初文本"现代先锋艺术展览

1945，夏帕瑞丽重回巴黎并推出新的服装系列，但她已无力恢复战前辉煌，于1954年关闭其高级时装屋

起步 1927　　1935　　1937　　1941　　1942　　1945　　　　1954 关闭

法国阶段　　　　　美国阶段　　　　重回法国阶段

图 6-21　夏帕瑞丽高级时装屋法、美阶段划分的时间节点

（三）法国阶段的夏帕瑞丽高级时装屋（1927—1940 年）

夏帕瑞丽出生于意大利罗马贵族世家，常往来于法国巴黎与美国纽约之间。1914 年，夏帕瑞丽在与丈夫前往美国的途中结识了达达主义画家弗朗西斯·毕卡比亚（Francis Picabia）的妻子盖比·皮卡比亚（Gaby Picabia），并通过盖比结识了许多艺术家。夏帕瑞丽遂对达达主义与超现实运动产生了浓厚兴趣，这奠定了她往后设计中的艺术基调与美学追求。至 1922 年，结束婚姻的夏帕瑞丽独自一人带着女儿回到法国巴黎。1927 年，夏帕瑞丽在一众艺术家与设计师好友的鼓励下，尤其在"良师益友"保罗·波烈的启发下，以"蝴蝶结"针织衫为代表作正式踏入时装界。1928 年，她在巴黎和平街 4 号开设了工作室、沙龙和办公室，顾客主要为她的女性朋友们。到 1932 年，夏帕瑞丽已经拥有 400 名员工，每年的服装生产量达到了 7000~8000 件（纽约大都会博物馆官网，2020）。在积累了财富和名气后，她于 1935 年在旺多姆广场 21 号创立自己的高级时装屋，同年，夏帕瑞丽在凡尔赛宫开设精品店，并在英国伦敦开设豪华服装店。

法国阶段（1927—1941 年）是夏帕瑞丽高级时装屋的辉煌时期，尤其是整个 20 世纪 30 年代，更是被称为夏帕瑞丽与香奈儿的时代（谢蕊等，2019）。这一阶段，以高级定制为主的法国时尚仍然掌握着世界时尚话语权。美国的百货公司向法国订购时装，美国的上流阶层则以穿着法国时装为荣。夏帕瑞丽以独特的艺术鉴赏力和现代美学表现力打破了时装与艺术的壁垒，开创了特有的服装样式及高雅风潮，吸引了法、美上流阶层与新兴的资产阶级女性群体，亦满足了她们对奢华的渴望以及求变的心理。早在1927年，夏帕瑞丽设计的"蝴蝶结"针织衫不仅在当时的法国时装界声名鹊起，而且收到了来自美国百货商店罗德与泰勒的订单（Papalas，2016a）。

夏帕瑞丽提倡"强调女人的肩部与胸部，将腰部恢复到原来的位置上"（Papalas，2016b；彭永茂，2017）。这种观念催生出了方正的加厚垫肩款式，被后世称为"Hard Chic"的大衣和西服随之问世，改变了整个20世纪30年代的时尚廓形。夏帕瑞丽与让·谷克多、阿尔贝托·贾科梅蒂斯等艺术家合作设计出许多充满艺术性的时装与配饰，创造了一种颠覆性的美学模式（Parkins，2012；Papalas，2017）。其中，她与萨尔瓦多·达利（Salvador Dalí）的合作最为瞩目，"抽屉套装""龙虾裙""骨架长裙""电话机粉饼盒""龙虾电话""星座项链"等设计尽显强烈的超现实主义气息。除了以"新奇""古怪"闻名于世外，夏帕瑞丽的设计还十分重视舒适与合体，以及服装的造型线条。她认为服饰设计应该呼应建筑的物理结构，具有"空间感"与"立体感"，譬如她于1938年设计的裙装"Column Dress"。夏帕瑞丽还涉及面料的创新，她所开发的人造丝绉纱（类似于树皮）是当今使用的具有永久性褶皱的起皱织物的先驱，除此之外，还有罗多芬透明织物、化纤面料等革新面料在时装上的运用。

在运营推广方面，基于夏帕瑞丽的上流社交圈层与品牌的价格定位，其时装屋的消费群体集中在皇室贵族、上流阶层、有闲阶级，以及运动员、演员等新兴阶层上。夏帕瑞丽除了具有对社会环境与时代精神高度敏锐的洞察力外，她还极其擅长运用自己的社交圈推广自己的服装品牌，通过名人效应、品牌植入、授权销售、跨国展销等营销方式提升品牌知名度与开拓海外市场。这些营销方式具有高度的前瞻性，在当时已有现代品牌营销的雏形。第一，夏帕瑞丽的社交圈非常广泛，皇室贵族、上流阶层、艺术家、文学家以及运动员、演员都是她忠实的品牌挚友。从凯瑟琳·赫本（Katherine Hepburn）到玛琳·黛德丽（Marlene Dietrich），她们将夏帕瑞丽大胆而优雅的设计带入时尚潮流的前沿。1936 年，夏帕瑞丽还为飞行员艾米·约翰逊（Amy Johnson）设计服装，为网球冠军莉莉·达瓦雷兹（Lily d'alvarez）设计裙裤。第二，早在 20 世纪 30 年代，夏帕瑞丽就有了将品牌植入电影的营销实践。她的服装出现在 30 多部电影中，包括《与梅·韦斯特的每日假日》（Every Day's a Holiday with Mae West）、《红磨坊》（Moulin Rouge）等（Schiaparelli，1954）。第三，夏帕瑞丽于 1929 年就已在美国获得印刷服装的首个特许经营许可，她希望通过品牌特许经营发展时装屋的业务，是这一营销策略的早期实践案例。第四，夏帕瑞丽早在 20 世纪 20 年代就通过在美国申请许可，举办时装秀、参加展览、刊登文章、开展演说等跨国展销的推广方式，拓展了美国市场，这也对美国时尚产业的发展与现当代艺术的勃发产生了巨大的影响，见表 6-4。

表 6-4 夏帕瑞丽拓展美国市场的关键事件

时间	主要事件
1927 年	"蝴蝶结"针织衫登上美国版 Vogue 杂志，并且在美国售罄一空
1929 年	在美国获得印刷服装的首个经营许可
1930 年	在美国获得鞋子和彩色袜子的新经营许可； 在美国杂志上发表了第一篇文章
1931 年	以涂有彩绘错视画褶长裙为代表的整个系列的首次时装秀在美国纽约的萨克斯举行
1933 年	"Schiaparelli, Inc." 公司在美国注册
1934 年	登上 Time 杂志封面，成为获此殊荣的第一位女性时装设计师
1936 年	"金丝网袋"在美国获得经营许可
1938 年	创立了 "Parfums Schiaparelli" 美国分公司，总部设在洛克菲勒中心
1940 年	与哥伦比亚大学演讲局签订了在美国进行演讲之旅的合同

（四）美国阶段夏帕瑞丽高级时装屋（1941—1944 年）

受到战争影响，安全与商业的不确定性迫使夏帕瑞丽于 1941 年移居美国纽约，并将高级时装屋移交助手，使时装屋得以继续维持。与此时笼罩在战争阴霾下的欧洲不同，美国在工业革命后逐渐强大。二战期间，美国更凭借地理条件、政治条件和工业体系基础再一次快速发展，一跃成为工业强国。夏帕瑞丽曾说，"美国是一个令我灵感迸发的国家"，并且她深信，"美国迟早都会发展出属于自己的时装风格"（邓悦现，2018）。由于夏帕瑞丽曾在美国生活过一段时间，且始终与美国市场保持紧密联系，因此她非常了解美国时装产业和中上阶层女性消费群体的需求。购买力和对审美的注重是20世纪40年代美国时尚消费的特征，也使美国女性成为夏帕瑞丽偏爱的消费群体（Sperling，2018）。但由于夏帕瑞丽的时装价格高昂，其顾客群体主要是上流社会、艺术家与演员等，其中包括20世纪叱咤欧洲与美国商界的美容业女企业家赫莲娜·鲁宾斯（Helena Rubinstein）。因此，这为其高级时装屋输送了大量优质客源。

抵达美国后的夏帕瑞丽将重心放在了社会展览等艺术活动上。1942年，她在纽约举办了一场极具现代与先锋意义的艺术展览，名为"超现实主义的最初文本"（First Papers of Surrealism）。这场展览由马塞尔·杜尚担任策划，展出内容包括当时著名的艺术家毕加索从未在美国展出的作品。夏帕瑞丽还在美国时期的多次会议上讲述她的时尚观，以及组织为巴黎时尚界的失业工人筹集钱财与药物的捐赠活动。种种社会展览与艺术活动使夏帕瑞丽纽约获得纽曼·马克斯时尚大奖，成为获得该奖项的第一位欧洲人。

（五）重回法国阶段的夏帕瑞丽高级时装屋（1945—1954年）

1945年7月，战争结束后夏帕瑞丽重回法国，但经历战争的巴黎，乃至整个欧洲都无力消费高级时装，夏帕瑞丽跳脱前卫的设计不再被市场接受（Blaszczyk，2020）。

也许是因为夏帕瑞丽自身对于战争压迫的宣泄和对美国时尚文化的汲取，或是为了迎合变化的消费市场和突破原来的设计，回到法国后夏帕瑞丽的设计除了延续一贯的大胆新颖外，表现得更为激进。她的设计同时受到美国新设计风格的影响，设计出譬如带羽毛的镶钻眼镜和具有未来风格的怪异帽檐。随着女性的解放，夏帕瑞丽推出"旅行衣橱"（constellation wardrobe）的创意设计，以便于女性更加频繁地出行。此外，她更加注重色彩的烘托与对身材的塑造，创造出极具特色的晚装，采用一件简单的黑色高领毛衣搭配红黄格纹荷叶边裙，形成鲜明对比；推出名为"禁果"的连衣裙，利用视觉效果使其看起来仿佛像是内衣外置一般，令穿着这条裙子的女性性感十足。

虽然这一阶段的夏帕瑞丽依旧敢于创新，甚至参加了名为时尚剧场的展览，旨在重新推出她的高级时装屋，但由于战后的巴黎处于百业待兴、修复重建的社会经济文化状态，人们无暇顾及服饰的艺术性，也无法承担高级定制的高昂价格，夏帕瑞丽高级时装屋遂被时代所抛弃，并于1954年停业。

（六）案例小结

法、美时尚转承是西方时尚进程的必然发展，受战争影响，此前一直仰望法国的美国时尚被迫转而寻求自身时尚文化特色与设计风格。这一历史进程中，技术、人才的转移为美国时尚的崛起创造了契机，夏帕瑞丽高级时装屋的发展及其法、美阶段差异化的设计运营方式能够以点带面地映射了这一转型进程。

本章以二战为转折点，将夏帕瑞丽高级时装屋（1927—1954年）的设计运营划分为三个阶段。无论哪一阶段，夏帕瑞丽始终审时度势地调整设计与运营方式，其映射的时代精神与历史价值均可启发当下。二战是夏帕瑞丽的人生转折点，她迫于局势移居美国，其紧密联系前沿艺术的设计风格与高级时装屋运营方式为美国时尚产业发展做出贡献。她在美国阶段的一系列艺术活动也与美国当代艺术发展进程相交织。

我们以夏帕瑞丽高级时装屋为典型案例，以点带面勾勒20世纪以来美国时尚产业的发展契机与时尚进程。从地域跨度看，不同阶段的夏帕瑞丽高级时装屋分别为法国高级时装产业与美国大众流行市场做出贡献，承接前后地贯穿于20世纪法、美转承互动的时尚进程。结合典型案例研究，法、美时尚之间以二战为转折的转承互动俨然清晰，这一研究也为当代中国时尚产业发展提供了一个鲜活的历史样本。

六、香奈儿高级时装品牌

我们以香奈儿高级时装品牌为典型个案，比对嘉柏丽尔·香奈儿和卡尔·拉格菲尔德阶段差异化的品牌设计管理方式，从设计风格、运营方式、品牌战略三个要素切入，以加深对高级时装品牌发展源流与设计管理方式转型的认识，从而映射出西方时尚的发展进程。香奈儿高级时装品牌作为研究对象的原因有二：一是香奈儿高级时装品牌由设计师创建并主导，设计师转变直接映射了该品牌两个历史阶段差异化的设计管理方式；二是其设计管理方式经历了从工业时代到数字时代的转变，这一品牌设计管理方式的转变能够映射历史进程中的一批高级时装品牌的发展与面对的共同问题。

（一）香奈儿高级时装品牌发展

香奈儿高级时装品牌自 1910 年至今的百余年发展历程可以被划分为嘉柏丽尔·香奈儿（Gabrille Chanel）、卡尔·拉格菲尔德（Karl Lagerfeld）和维吉妮·维亚（Virginie Viard）三个时期（图 6-22）。

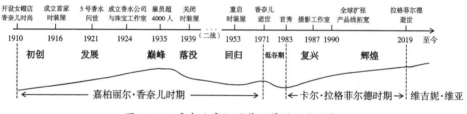

图 6-22　香奈儿高级时装品牌的三个时期

1. 嘉柏丽尔·香奈儿时期（1910—1971 年）

香奈儿于 1910 年开设了一家女帽店，店内出售的帽子采用了一种简洁的紧贴头皮的帽子样式（clothe hat），吸引了名媛贵妇群体。短短几年，香奈儿陆续开设了三家不同规模的服饰品店铺，设计重心也从女帽开始转移到高级定制时装。1916 年，香奈儿于法国南部的比亚里茨开设了第一家高级时装屋，此处法国社会名流云集，业务繁忙，鼎盛阶段的店铺雇员一度达到三百余人。直至二战前夕，香奈儿面对动荡不安的法国社会，于 1939 年关闭高级时装屋，仅继续销售香水与服饰品（雷马利，2011）。二战后，法国作为西方唯一时尚中心的地位不再，不断扩大的美国时尚群体与大众消费市场催生了美国高级成衣产业的快速发展，香奈儿则顺应趋势，主动承接了 20 世纪 30 年代的好莱坞影视服装设计，不断拓展美国时尚市场，并在皮埃尔·威泰默（Pierre Wertheimer）的支持下于 1954 年在法国重开高级时装屋并获市场认可（菲梅尔，2014）。其间，香奈儿经历了来自巴伦夏加、夏帕瑞丽、迪奥、库雷热等不同阶段的主流设计师的竞争，始终与时俱进地顺应时尚市场与设计管理方式的转变。

2. 卡尔·拉格菲尔德时期（1983—2019 年）

自 1954 年以来始终支持香奈儿的威泰默家族在 1971 年香奈儿逝世后接管了香奈儿高级时装品牌。1983 年，卡尔·拉格菲尔德成为香奈儿高级时装品牌的首席设计师，他上任后革新了香奈儿高级时装品牌的简约设计风格，塑造了 20 世纪后期香奈儿高级时装更加多元的时尚品牌形象（Gross，1985）。1987 年，拉格菲尔德成立了时尚摄影工作室，主导品牌设计系列与广告策划，通过视觉营销活动提升品牌知名度与销售，推进香奈儿高级时装品牌全球扩张（ukdiss 官网，2019）。

3. 维吉妮·维亚时期（2019 年至今）

维吉妮·维亚于 1987 年加入香奈儿高级时装品牌，专注于刺绣方面的工作，后成为拉格菲尔德的助理。2019 年拉格菲尔德去世后，她被任命为品牌首席设计师至今。

同时，考虑到研究价值与典型性，下文仅比对香奈儿和拉格菲尔德两个时期迥异的品牌设计风格与运营方式。

（二）香奈儿与拉格菲尔德时期的比较研究

1. 设计风格比较

香奈儿的童年经历对她影响深刻，她化繁为简的设计方式和崇尚简素的时尚审美与其在修道院的简朴生活相关。首先，在色彩运用方面，香奈儿多以黑白为主色调，黑色的运用也成为品牌主张女性独立的设计表现。其次，她将维多利亚时期以来延续的繁复装饰从设计廓形与细节中删除，并从男装中汲取灵感，率先尝试用针织面料设计女装，推出了一系列贴合人体、彰显个性的服饰品。自高级时装屋创立到二战前，香奈儿高级时装品牌的设计风格定位于直线形的简洁裙款上，惯于打造"假小子"式的顽皮女童（girlish）形象。二战后重开高级时装屋后，香奈儿的经典套装设计风格则侧重展现女性柔美气质，并保持精练、简洁的设计风格（魏东，2016）。

拉格菲尔德的设计强调整体造型概念，即强调服饰品的整体搭配。拉格菲尔德设计的粗花呢套装，突破了原来香奈儿斜纹软呢的面料，尝试使用皮革、牛仔面料拼接的方式进行经典款式的面料、比例、色彩、廓形再设计。譬如在色彩设计方面，他大胆地使用了高饱和度的色彩，在保持经典风格的基础上形成新的时尚样式。拉格菲尔德所塑造的香奈儿高级时装品牌形象趋于年轻化，其顾客的平均年龄从 50 多岁下降到 30 多岁（McDonough，2019）。

总体看来，香奈儿阶段的简洁设计风格经历了从"男性化"回归"女性化"的转变，拉格菲尔德阶段则契合现代女性审美的多元化设计风格，其廓形也从 H 形慢慢转变为 X 形。

2. 运营方式比较

香奈儿开设在法国杜维埃的时装屋分上下两层，一楼用于店铺的日常营业，有各种服装、配饰和香水陈列销售；二楼则是设计工作室和储藏室，供她和女工们进行时装的设计与制作。这一小型作坊式的时装屋由香奈儿全权负责运营，从生产至推广均由她所掌控。该时装屋吸引了许多当时极具时尚影响力的人物，如亨利·罗斯柴尔德男爵夫人（Baroness Rothschild）等，香奈儿利用在名人社交圈内的口碑进行品牌推广。她在自己店铺的浅色遮阳篷上用黑色大写字母印上了自己的姓名，鲜明的品牌标识与一系列推广活动使香奈儿的店铺在上层社会消费群体中极具知名度与影响力。20 世纪 30 年代，香奈儿在美国好莱坞以跨界合作的方式为电影戏剧进行服装设计工作，打造出经典时尚偶像为大众所效仿。一方面，电影制片方通过这一合作来吸引更多的观众；另一方面，丰厚的报酬从一定程度上缓解了香奈儿品牌在全球经济危机期间的经济压力，并有助于提升其在海外市场的品牌知名度。

拉格菲尔德阶段的香奈儿高级时装品牌在法国巴黎康朋街的时装屋共有四间设计工作室，分别用于制版、绘图、剪裁、缝纫与订单处理。香奈儿逝世后，香奈儿高级时装品牌由威泰默家族接手，设计师的职能也开始细化，高级时装、手提包、鞋和配饰的创意设计开发工作由品牌首席设计师专职负责，而香水、珠宝、腕表等业务则由合作管理者运营，品牌运营管理趋于现代企业的系统化管理方式。

拉格菲尔德本人作为时尚偶像与意见领袖积极作用于品牌推广，他不仅是时尚标杆人物，而且是流行文化的推动者。区别于香奈儿简洁大方的时装展示方式，他对时装秀场进行娱乐化、沉浸式设计，把时装秀场视为一种视觉营销方式。譬如，2014 年秋冬时装发布会上，拉格菲尔德将时装秀场选定在巴黎大皇宫，将现场布置成一个庞大的超级市场，带着醒目的双 C 标志，鲜明独特的秀场风格具有话题效应。自拉格菲尔德接触时尚摄影后，他亲自参与品牌的广告策划与宣传推广，传递关于梦想、欲望与财富的品牌价值与设计理念（路晓瑛，2015）。不论是香奈儿还是拉格菲尔德，从小型私人时装屋的作坊式运作到现代企业系统化设计管理方式，从社交圈名人效应到时装秀场、创意广告的视觉营销方式，都映射了品牌设计管理方式的转变。

3. 品牌战略比较

虽然"品牌战略"一词在 20 世纪初还未出现，但高级时装品牌战略伴随着设计师主导的商业决策与行为却一直存在。

香奈儿从一开始的女帽店到高级时装屋，再到香水公司、珠宝工作室，其业务范围越来越广泛。她将除了高级定制时装以外的产品线外包给他人，自己则更专注于高级时装设计工作。在为好莱坞工作期间，她认真研究了美国时装工业的运作方式，同时也分析了美国百货商场以顾客为中心的服务方式，并与纽约的时尚杂志主编们建立了友好关系，这些均体现了她在拓展海外业务方面的积极作为。以此为契机，她授予美国高级服装店和裁缝仿制的权力，是为时尚领域特许经营业务的早期雏形。二战后重启法国高级时装屋后，香奈儿高级时装品牌的消费群体从原本的法国上层阶级转变为美国新兴资产阶级群体，这一转变源自香奈儿的敏锐商业决策与品牌战略能力，也凸显了她对市场需求转变的快速反应。

拉格菲尔德在香奈儿原有的基础上，收购了 11 家历史悠久的专业手工艺作坊以协作设计，涵盖刺绣、辅料、制帽、制鞋等全产业链业务。在拉格菲尔德倡导下，品牌通过再现工匠精神与手工艺的制作方式，严格区别高级定制系列与高级成衣系列，在兼顾高级成衣市场的同时成为法国高级时装定制与手工艺的捍卫者。此外，这一时期的香奈儿高级时装品牌在众多高级时装品牌纷纷被并购转而集团化运作的背景下仍然保持品牌独立运营，从而保障了品牌运营的独立性与较强的品牌控制力（Shin'ya Nagasawa，2011）。

香奈儿全球业务拓展、转变消费群体的品牌战略与拉格菲尔德收购专业工坊、重视手工艺精神和始终保持独立的品牌战略，各个时期的香奈儿品牌始终保持与时俱进地调整品牌战略以不断创造品牌价值。香奈儿阶段和拉格菲尔德阶段的香奈儿高级时装品牌设计管理方式归纳见表 6–5。

表6-5　香奈儿与拉格菲尔德的设计管理方式对比

阶段	设计风格	运营方式	品牌战略
香奈儿阶段	黑、白色调；斜纹软呢、针织面料；设计风格呼应女性独立；前期"男性化"，后期回归女性美的简洁设计风格	时装屋作坊式手工艺设计管理方式；名人效应与口碑传播；好莱坞影视服装设计与植入式广告	品牌产品线与业务范围拓展；面向海外市场的特许经营业务；迎合美国新兴资产阶级群体的高级成衣业务
拉格菲尔德阶段	高饱和度色彩；皮革、牛仔等多种面料创新经典设计；迎合现代女性审美的多元风格	现代企业系统化设计管理方式；时装秀场娱乐化、沉浸式视觉营销；设计师品牌代言运营推广；品牌自主时尚摄影与广告策划推广	收购专业作坊以协同品牌设计生产；严格区别高级成衣与高级定制业务，捍卫法国高级定制规格以提升品牌价值；独立品牌运营加强品牌控制力

（三）案例小结

本章将高级时装品牌的设计管理界定为由高级时装设计师驱动，以高级时装品牌核心消费群为中心，基于设计与管理的双重视角与职能，统筹涵括设计、运营、战略三个设计管理要素的高级时装品牌设计与管理过程。本章基于这一界定，基于历史视角分析西方时尚典型案例——香奈儿高级时装品牌不同阶段的设计管理方式，以启发建构发展中的设计管理学学科。

1.香奈儿高级时装品牌设计管理方式的反思

基于历史视角解读法国高级时装品牌的设计管理方式，香奈儿高级时装品牌设计管理思想的萌蘖伴随19世纪末以来的法国高级时装产业出现。从最初的设计问题到品牌设计、运营、战略的全方位考量，以实现品牌效益为高级时装品牌设计管理的最终目的。作为驱动力的法国高级时装设计师既要统筹创作，又要协调把握设计流程与高级时装屋运营的全部环节。本章以香奈儿高级时装品牌为典型个案，比对嘉柏丽尔·香奈儿和卡尔·拉格菲尔德两个阶段差异化的品牌设计管理方式，从设计风格、运营方式、品牌战略三个要素切入，以加深对法国高级时装品牌发展源流与设计管理方式转型的认识。

2. 香奈儿高级时装品牌的设计师职能转变

基于历史视角审视香奈儿高级时装品牌，伴随不同时代语境下其设计管理方式的转变，香奈儿高级时装品牌始终如一以设计师为核心，驱动品牌价值链路的顺畅。香奈儿时期，品牌的设计、生产、销售、运营全过程都由设计师一人掌控；拉格菲尔德时期，设计师只负责创意设计，但是其决策仍会影响整个品牌。从香奈儿到拉格菲尔德，设计管理方式的转变实质上是高级时装品牌设计师职能在不同时代语境下的转变。

3. 香奈儿高级时装品牌研究的价值

我们通过研究香奈儿高级时装品牌在不同阶段的设计管理方式，首先探讨了高级时装品牌设计管理思想的演进脉络；其次映射了高级时装设计师对品牌设计与管理的职能转变；最后探讨了高级时装品牌的设计、运营、战略要素。

通过对香奈儿高级时装品牌的研究，我们不难发现，只有呼应时代精神与审美趣味的转变，契合市场需求与时尚消费群体变化，与时俱进地调整设计管理方式的品牌，才能够历久弥新。再者，综合艺术学、管理学、经济学、社会学等交叉学科视角，我们通过个案式研究，能够通过回望历史启发建构发展中的设计管理学学科。

七、詹姆斯高级时装品牌

20 世纪上半叶，以查尔斯·詹姆斯为代表的美国设计师群体迎合因社会生产方式、艺术思潮转变而引发的时尚消费市场变化，审时度势地展开了相关设计管理实践活动，通过对品牌自身风格的逐步确立为美国时尚自身风格做出贡献的形成与纽约时尚中心的建构发展。从设计管理视角审视查尔斯·詹姆斯的设计管理实践活动，综合分析其品牌设计、运营、战略方式，不难发现其成功的必然性不仅因为独到而贴合时代诉求的设计，还源于其采用特定品牌标识、沙龙展示、名流社交、营销推广、全球市场拓展等在当时具有前沿性的品牌运营方式。作为美国时尚产业崛起与纽约世界时尚中心建构进程中的个案，查尔斯·詹姆斯高级时装品牌的设计管理方式及其所映射的时代精神启发当下，更是欧美时尚转承互动历史进程中的典型案例。

（一）从高级时装屋到高级时装品牌

回望西方，从高级时装屋到高级时装品牌，再到时尚品牌，各个阶段的设计管理思想与设计管理方式往往与各个历史时期的政治经济、科技文化、生产方式、时代精神配伍。其中，查尔斯·詹姆斯高级时装品牌的创建恰逢高级时装产业的鼎盛期，更是西方时尚中心转承与纽约时尚中心建构过程中的鲜活样本。

1. 西方时尚市场转型

20世纪上半叶，西方资本主义工业化进程加速，贵族与新兴资产阶级群体逐渐成为西方社会的主流时尚群体。查尔斯·沃斯、杜塞、保罗·波烈、艾尔莎·夏帕瑞丽等一大批法国高级时装设计师享誉国际市场，巩固了法国高级时装的世界时尚话语权。然而，随着第二次世界大战的爆发，欧洲成为二战的主战场，致使欧洲高级时装产业一度走向低迷。交织于二战引发的欧美政治、经济格局骤变的时代背景下，加之19世纪起美国东部沿海纺织教育项目的布局，为美国时尚产业的发展构建了良好的环境。一众欧洲时尚人才流入美国，而美国时尚产业捕获发展契机，逐步形成了由跟风效仿至自主创新的发展路径，进而推动了美国以"流行文化与大众市场"为特征的时尚体系构建。

在这一背景下，二战爆发后，定居于法国巴黎的高级时装设计师查尔斯·詹姆斯意识到法国时尚产业环境的逆转，审时度势地将其高级时装商业阵地转至美国纽约，同时主动推进了从高级时装屋到高级时装品牌的转型，这一转型既是因生产方式、消费群体、审美观念转变的历史必然，也是与美国大众时尚市场与流行文化相配伍的品牌转型。

2. 高级时装品牌的设计管理

18世纪英国工业革命以后，原本以人作为推动经济发展单一动力来源的状况发生了变化，即人力劳动越来越多地被机器取代，相应地，如何有组织地管理机器生产体系，成为新的时代诉求。在19世纪末设计师群体又面对新的问题，即如何实现手工艺生产与工业化流水线生产的协同，进一步催生了对设计管理的需求。最终，设计管理概念在20世纪60年代最先在英国被提出，英国设计师迈克尔·法尔在1966年将设计管理定义为"设计管理是在界定设计问题，寻找合适设计师，且尽可能地使设计师在既定的预算内及时解决设计问题"。从最初提出至今，设计管理的概念、范畴、研究视角被一再拓展。

（1）基于管理视角

设计管理是管理者对设计资源的高效管理。1990 年，彼得·格罗伯将设计管理定义为："管理者为达到组织目标，对企业设计资源的有效部署和调配"（Grob，1990）。从管理者的角度出发，格罗伯认为设计管理是管理者对设计资源的优化调配，旨在实现设计效率提升和价值最大化。因此，此时的设计管理更多地建立在纯粹工具性和技术性手段的思维方式上，管理者在具备管理职能的基础上，还需具备对设计资源的把控能力。

（2）基于设计视角

2002 年，比尔·荷林斯将设计管理描述为："设计师对开发新产品和服务过程的组织与管理"（Hollins，1991）。荷林斯从设计师的角度出发，认为设计管理是以设计师为中心，指向设计过程的高效运作。因此，随着时代语境及产业需求的转变，此时对设计管理的理解从管理者视角转向设计师视角，对职能的要求也由早期单一的管理职能逐步转向设计与管理双重职能。

（3）基于品牌视角

设计管理包括设计与管理双项职能，设计、运营、战略维度贯穿于整个设计管理过程。2010 年，美国设计管理协会将设计管理界定为："设计管理的目标是开发和维护有效的业务环境，在该环境中组织可以通过设计来实现其战略和任务目标。包括设计流程、商业决策和战略，三者能够促进创新，并创造出有效设计的产品、服务、通信、环境和品牌"（Best，2006）。基于品牌视角，美国设计管理协会对设计管理的定义明确指出了设计管理的维度、过程及目的。此时对设计管理的理解在设计与管理双项职能的基础上，出现了更为具体的设计、运营、战略维度划分。

尽管随着时代环境的变化，设计管理的概念不断更新，然而已有研究多围绕其作用、职能、范围及对象展开。综上所述，本章将高级时装品牌的设计管理界定为："由时尚品牌设计师驱动，以时尚品牌核心消费群为对象，基于设计与管理的双重视角与职能，以设计问题的解决为目标，涵括设计、运营、战略环节的设计与管理过程。"

（二）查尔斯·詹姆斯高级时装品牌及其设计管理方式

1. 查尔斯·詹姆斯高级时装品牌发展

以 1958 年美国经济危机为转折点，划分查尔斯·詹姆斯高级时装品牌为四个阶段的发展历程（图 6-23）。

初创阶段。美国设计师查尔斯·詹姆斯出生并求学于欧洲。1924 年，其在美国公用事业大亨萨缪尔·因萨尔的关照下，于联邦爱迪生公司从事建筑设计工作。1926 年，詹姆斯在美国芝加哥开设了一家名为"宝诗龙（Boucheron）"的女帽店，该店成为詹姆斯高级时装品牌的前身。

发展阶段。1927—1943 年，詹姆斯开展了一系列积极的商业实践活动。例如，詹姆斯于美国纽约默里山创立小型制衣公司，于美国纽约长岛开设店铺，与英国和北美的服装公司、彼斯特（Bicest）和马歇尔·菲尔德（Marshall Field）等公司、纽约百货公司洛德泰勒（Lord & Taylor）展开商业合作，开设综合服装店、创立设计工作室、组建专属时装沙龙、开设用于出售时装产品的陈列室等。

拓展阶段。1944—1957 年，是查尔斯·詹姆斯高级时装品牌的鼎盛时期。1952 年，詹姆斯为拓展其高级时装品牌的规模，在纽约麦迪逊大街 716 号建立了生产车间，同年在纽约东 57 街 12 号开设专卖店。

衰亡阶段。1958—1978 年，1958 美国爆发经济危机，查尔斯·詹姆斯高级时装品牌的发展由盛及衰。财务困境、官司缠身以及与主流时尚的格格不入，使詹姆斯关闭了两间工作室和一间时装沙龙展厅。1964 年，詹姆斯将高级时装品牌迁至纽约切尔西酒店直至 1978 年去世。

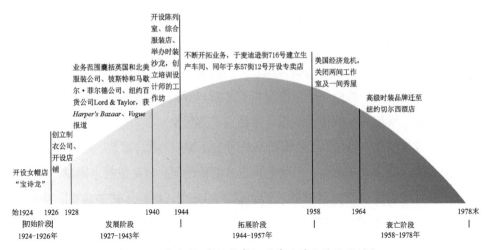

图 6-23 查尔斯·詹姆斯高级时装品牌发展阶段划分

2. 高级时装品牌设计师查尔斯·詹姆斯的承担的设计与管理职能

詹姆斯的设计职能主要表现在对其高级时装品牌作品艺术风格、服装造型、面料、色彩、款式等的把握。查尔斯·詹姆斯高级时装的艺术风格致敬英国维多利亚时代的品牌设计风格，运用束胸衣、裙撑和有箍衬裙展现女性的身体曲线。詹姆斯对服装造型的把控，体现在以雕塑家的标准塑造严格遵照黄金比例的高级时装上。詹姆斯擅长使用羊毛和棉花混纺面料、台球桌布、罗缎、抛光皮、尼龙等创新面料，并首次将玻璃布应用于时装中。詹姆斯具备敏锐的色彩感知度，擅长使用拼色、撞色等手法将不同色彩应用于高级时装中。詹姆斯的产品兼具多样性，既有高集成业务，又包括高级定制系列，迎合差异化的消费者的诉求。其设计的款式囊括礼服晚装、夹克、外套等多品类，其中礼服又包括日装和晚装。

詹姆斯同时担任了其高级时装品牌的管理工作。詹姆斯的管理决策交织于欧美时尚产业转型升级及市场需求的背景。詹姆斯通过创立设计工作室及制衣公司、开设陈列室、时装店铺及综合服装店、组建并设立专售时装和服饰配件沙龙、拓展跨国业务等一系列管理决策逐步扩大查尔斯·詹姆斯高级时装品牌的业务规模与市场份额，并通过英、法、美三国囊括明星、演员、名媛、艺术家、时装设计师等上流社会群体的运营、传播、推广，逐步提升查尔斯·詹姆斯高级时装品牌的知名度与影响力。

3. 查尔斯·詹姆斯高级时装品牌的设计管理维度分析

詹姆斯被誉为"时尚界的雕塑家""美国时尚行业首位高级定制设计师"，曾备受巴伦夏加、香奈儿、迪奥等设计大师推崇（Brooklyn Museum，1982）。下面综合设计、运营、战略三个维度分析查尔斯·詹姆斯高级时装品牌。

（1）设计维度——标识性的设计手法与品牌风格

基于设计维度，查尔斯·詹姆斯高级时装品牌以"融合雕塑、建筑和几何学原理为一体，跳出常规思维，不受常规服装制作惯例、理论或技术限制"为设计理念，设计师将紧裹身体的褶皱、形如彩带的分割、螺旋形式的裁剪、生动复杂的垂坠和堆积等造型风格贯穿于每件作品的始终，锻造出品牌精于分割的裁剪魅力，作品极具美学价值和现代精神。基于对女性身体结构的关注原则，詹姆斯常用三种设计手法：一是纯粹依靠裁剪和缝接，创造性地利用面料塑形；二是内部使用类似束胸衣的支架、外部罩和褶皱的面料展现女性婉转曼妙的身体曲线；三是将通过改造变形打造梦幻般的服装轮廓，凸显女性曲线（Choi，2016）。

（2）运营维度——多渠道、全局性的品牌运营模式

品牌标识与原创申明。作为美国高级时装品牌的代表，詹姆斯率先将品牌标识（"布标""织唛"）绣在高级时装作品上。他早在20世纪就强调原创设计的重要性，他的品牌标识上往往标有一串英文字母"an original design by Charles James"（查尔斯·詹姆斯原创设计）。

沙龙展示。查尔斯·詹姆斯高级时装品牌运用时尚沙龙向上流社会群体展示最新设计。1945年，詹姆斯在麦迪逊大街699号创建了自己的工作室和时尚沙龙，以沙龙的形式向上流阶层的名媛们展示最新时装款式，在提供定制服务的同时，更加深刻地理解消费者的需求。

时尚社交圈。20世纪恰逢西方资本主义工业革命，宫廷贵族与有闲阶级成为欧美时尚的主流消费群体，上流阶层的社交活动、名流聚会频繁，对查尔斯·詹姆斯高级时装屋的传播起到促进作用。詹姆斯自小生活在英国名流聚集地贝尔格拉维亚富人区，母亲为美国芝加哥社交名流之后，父亲是英国军官，外祖母是法国高级定制的常客。上流社会的成长环境为詹姆斯的设计生涯积累了包括明星、上流社会名媛、艺术家、时装设计师在内的强大人脉（Reeder，2019）。具体见表6-6。

表6-6 查尔斯·詹姆斯的名流社交圈构成与代表作品

群体	典型消费者	身份	国籍	代表作
明星	格特鲁德·劳伦斯	喜剧及戏剧演员、舞者	美国	1928年，好莱坞明星吉普赛·罗斯·李将查尔斯·詹姆斯设计的"蝴蝶"礼服穿上舞台
	吉普赛·罗斯·李	脱衣舞娘、好莱坞明星	美国	
	克里斯托弗·德·梅尼	演员	法国	
上流社会名媛	奥利弗·伯尔·詹宁斯	名媛	美国	1950年，詹姆斯为 Vogue 编辑贝贝·佩利定制了舞会礼服。1953年，詹姆斯为奥斯汀·麦克唐纳·赫斯特制作了"四叶草"礼服
	奥斯汀·麦克唐纳·赫斯特	名媛	美国	
	蜜丽·罗杰斯	上流社会淑女	美国	
	贝贝·佩利	名媛、时装杂志编辑	美国	
宫廷贵族	罗斯伯爵夫人	伯爵夫人	英国	1937年，詹姆斯为罗斯伯爵夫人设计了"Coq Noir"晚礼服
艺术家	塞西尔·比顿	摄影家	英国	1948年，塞西尔·比顿为 Vogue 拍摄了一张詹姆斯的经典礼服作品，为詹姆斯联系杂志宣传并介绍行业前辈
	帕维尔·切利彻夫	画家、舞台设计师	俄罗斯	
	让·科克托	诗人、剧作家	法国	
	萨尔瓦多·达利	画家	西班牙	
时装设计师	保罗·波烈	时装设计师	法国	珠宝设计师艾尔莎·柏瑞蒂曾为詹姆斯设计配饰，且多次担当他的试衣模特。巴黎高级定制设计师艾尔莎·夏帕瑞丽经常穿着詹姆斯的设计作品
	克里斯托瓦尔·巴伦西亚加	时装艺术大师	法国	
	克里斯汀·迪奥	服装设计师	法国	
	伊尔莎·斯奇培尔莉	服装设计师、作家	意大利	
	艾尔莎·柏瑞蒂	珠宝设计师	美国	

营销推广。20世纪，西方时尚信息的传播以时尚杂志、画报、广告牌、时尚聚会、时尚人偶为主要媒介，而 Vogue 和 Harper's Bazaar 作为当时美国的权威时尚杂志及信息传播媒介，在一定程度上促进了查尔斯·詹姆斯高级时装品牌的发展（Bueno，2014）。具体如表6-7所示。

表6-7　美国的时尚杂志对詹姆斯的报道情况

时间	杂志报道
1929年	*Vogue* 和 *Harper's Bazaar* 杂志刊登了查尔斯·詹姆斯高级时装品牌的的士连衣裙
1936—1958年	*Harper's Bazaar* 杂志聚焦于历史上的关键时刻，重点展示包括詹姆斯作品在内的一系列作品
1937年	*Harper's Bazaar* 杂志发表了关于裁缝的文章，并附有詹姆斯在酒店工作的照片
1938年	*Harper's Bazaar* 杂志刊登了詹姆斯设计的晚装夹克，该夹克现收藏于维多利亚和阿尔伯特博物馆
1947年	*Harper's Bazaar* 杂志刊登了詹姆斯设计的晚礼服，该礼服现藏于FIT博物馆
1948年	摄影师塞西尔·比顿为 *Vogue* 拍摄了一张詹姆斯的经典礼服作品

（3）战略维度——全球市场拓展

詹姆斯时遇高级时装产业发展的鼎盛时期，其发展背景与产业需求的交织，驱动詹姆斯积极拓展跨国业务与全球市场。詹姆斯早期于英国、法国、美国巡回从事时装设计工作，积极与各个国家有影响力的人物建立联系，为其高级时装品牌跨国业务的发展积累潜在客户。我们通过对查尔斯詹姆斯高级时装品牌跨国业务拓展历程的归纳总结，可将其概括为四个阶段的国际市场拓展活动。

（1）1928年，詹姆斯由英国移居美国，于芝加哥开设"宝诗龙"女帽店，于纽约默里山创立制衣公司，于纽约长岛开设时装店铺，逐步推进查尔斯·詹姆斯高级时装品牌的国际业务。

（2）1929—1933年，凭借在英、法两国巡回期间积累的人脉资源，詹姆斯分别与英国和北美的服装公司、纽约百货公司洛德泰勒、彼斯特和马歇尔·菲尔德等公司达成商业合作，开辟了基于战略合作的代销模式，在一定程度上拓宽了查尔斯·詹姆斯高级时装品牌的销售渠道与规模，继而推动其跨国业务继续向前发展。

（3）1934—1939年，詹姆斯定居法国巴黎，其间其为法国纺织品制造商科尔孔贝设计面料，在一定程度上为查尔斯·詹姆斯高级时装品牌积累了法国市场的资源。

（4）1940—1952年，詹姆斯重返美国纽约，开展了一系列商业实践活动。如开设查尔斯·詹姆斯高级时装品牌综合服装店、创立设计工作室、组建并设立时装专售时装和服饰配件沙龙、举办培训设计师的工作坊、开设陈列室、扩大生产车间及店面等。

（三）案例小结

查尔斯·詹姆斯高级时装品牌作为美国时尚产业的典型案例，所开展的一系列设计与实践活动映射出在当时相对先进的时尚品牌设计管理思想，并在一定程度上推动了美国时尚转承及美国纽约时尚中心构建进程。

1. 基于设计维度

查尔斯·詹姆斯及其高级时装品牌统筹艺术风格、服装造型、面料、色彩等基本要素为一体，致敬英国维多利亚时代的品牌设计风格、严格遵照黄金比例的时装造型、开创性新颖面料的使用、夸张的色彩组合塑造出独具一格的品牌风格。然而，后期查尔斯·詹姆斯高级时装品牌历经美国经济危机，未能审时度势地转变自身的审美风格以适应时代需求，致使其逐渐走向衰落。

2. 基于运营维度

查尔斯·詹姆斯及其高级时装品牌兼具全方位的运营模式，品牌标识与原创申明、沙龙展示涵盖明星、新兴资产阶级群体、艺术家、时装设计师等社交圈的运营、*Vogue* 和 *Harper's Bazaar* 杂志的营销推广等一系列的商业运营实践，展现了詹姆斯多渠道、全局性的运营推广模式。当代时装品牌可以借鉴其全局性的运营模式，在互联网时代背景下，运用多渠道传播实现品牌的运营推广。

3. 基于战略维度

詹姆斯凭借其超前的思想将其高级时装品牌业务拓展至海外市场，囊括英国、法国、美国三个主要消费市场，折射出先进的品牌发展战略意识。此外，詹姆斯与和彼斯特、马歇尔·菲尔德、英国和北美的服装公司、纽约百货公司洛德泰勒等公司达成品牌战略合作协议，通过将授权代理销售给其他公司的模式，不断扩大品牌市场占有率。

纵览20世纪美国时尚发展进程，曾经出现了一批推动美国时尚自身风格形成的时尚品牌。其中，查尔斯·詹姆斯高级时装品牌于19世纪40年代曾一度达到发展的辉煌时期，影响空前，却仅存世四十余载。虽然查尔斯·詹姆斯高级时装品牌的设计与运营活动在 20 世纪 50 年代鼎盛期后逐渐衰落，但其设计与运用方式曾经引领美国时尚，且为美国大众流行文化与市场的建构发展做出贡献。

八、纪梵希高级时装品牌

纪梵希高级时装品牌始于 20 世纪中叶，恰逢法国高级时装产业经历了50 年代的辉煌后逐渐转向高级成衣业务以保持盈利之时。面对日益激烈的国际市场竞争，奢侈品集团并购浪潮涌现，由法国高级定制产业与高级时装屋演化而来的高级时装品牌，纷纷被奢侈品集团收购，由单品牌转向集团化运作模式。基于历时性与共时性的综合分析视角，我们解读 20 世纪 50 年代以来的高级时装品牌并购浪潮和西方时尚的历史进程，聚焦以纪梵希为代表的高级时装品牌，其转型发展看似由特定事件推动，实则是西方时尚历史进程的必然。

（一）20 世纪末以来的高级时装品牌集团化现象

20 世纪 60—70 年代，时尚消费群体及其生活方式的转变，流水线与批量生产方式的转变，以及大众消费心理、价值观念等多方面的因素推动高级成衣业快速发展。高级时装产业与高级时装品牌面临困境，在大众消费市场和大众成衣市场冲击下，出现了 20 世纪 80 年代以来的时尚品牌"并购浪潮"。回望历史，不少高级时装品牌运营难以为继，在动荡的政治经济背景下，被集团化并购成为这些品牌不得不为之的选择。

我们顺脉 20 世纪 80 年代以来的时尚进程，选取 2012 秋冬法国巴黎时装周中的 12 个高级时装品牌进行整体研究，不难发现的是：首先，这 12 个品牌均由高级时装屋转型而来；其次，这 12 个品牌均被集团并购。因此，可以综合比较、分析转型时间、契机、方式等共性问题，见表 6-8。

表 6-8 高级时装品牌的创立与集团化转型时尚

序号	品牌名称	成立时间（年）	转型时间（年）	所属集团
1	迪奥（Dior）	1946	1984	LVMH 集团
2	巴黎世家（Balenciaga）	1917	1986	Jacques Bogart S.A.（1986）开云集团（2001）
3	纪梵希（Givenchy）	1954	1988	LVMH 集团
4	高田贤三（Kenzo）	1970	1993	LVMH 集团
5	路易威登（Louis Vuitton）	1854	1996	LVMH 集团
6	罗意威（Loewe）	1846	1996	LVMH 集团
7	圣罗兰（Yves Saint Laurent）	1962	1999	Gucci（1999）开云集团（2001）
8	让—保罗·高缇耶（Jean-Paul Gaultier）	1976	1999	Puig 集团
9	亚历山大·麦昆（Alexander McQueen）	1992	2000	Gucci（2000）开云集团（2001）
10	帕科（Paco Rabanne）	1965	2000	Puig 集团
11	华伦天奴（Valentino）	1960	2012	卡塔尔皇室
12	范思哲（Versace）	1978	2018	Michael Kors 集团

结合上述分析，可见：①两次"并购浪潮"分别发生于 20 世纪 80 年代（对应表 6-8 的序号 1~3）和世纪之交（对应表 6-8 的序号 4~10）；②并购重组往往发生在经济低潮期。可见，"并购浪潮"的出现往往是内外因素综合作用的必然结果。

（二）基于历时性和共时性分析的高级时装品牌集团化现象

1. 历时性与共时性研究视角

1916 年，索绪尔在《普通语言学教程》语言学层面上就提出了"历时性"与"共时性"概念。对于历时性，索绪尔的表述为："联系各个不为同一集体意识所感觉到的连续的成分之间关系"。对于共时性，索绪尔的表述为："联系各同时存在并且构成系统的成分之间的逻辑的和心理的关系"（索绪尔，1980）。随着研究的深入，历时性与共时性开始被广泛应用于其他学科，如文学、建筑、艺术设计等领域。

历史学家的视角往往关注时间推移中事件的发展。但是，所有的历史学家都会不时停下来，审视一下与某些特定事件同时发生的其他事件。换句话说，历史学家往往是同时性叙述（时间，或按时间顺序演化的）与同步性叙述（空间，或描述系统的）之间游离。如果说历时性关注变化，那么共时性则关注结构和体系。

综合上述，可以将历时性理解为以时间为线索，基于过去、现在、未来的视角，顺脉系统发展的历史性变化情况。其中的核心内容在于：①时间发展的历史观察视角；②对变化过程的文脉梳理；③与时俱进的系统演进。可以将共时性理解为在某一特定时刻该系统内部各因素之间的关系。其中的核心内容在于：①特定时刻；②各要素构成关系；③系统性；④空间范围内的互动联系。

2. 由点及面的高级时装品牌综合研究视角

索绪尔的结构主义语言学为我们提供了一个新的审视高级时装品牌转型并购现象的视角，即引入语言学层面的"历时性"和"共时性"概念来探讨高级时装品牌的演变。基于"历时性"与"共时性"研究视角，由于意大利、美国高级成衣市场的崛起，传统高级定制行业受到威胁。面对社会环境与时尚市场变化，高级时装品牌的集体转型是时尚产业发展的必然趋势，也是面对新的市场与消费者需求的必然选择。在这一进程中，高级时装品牌转型并购成为其不得不为之的选择。

应用于高级时装领域，历时性是关注高级时装品牌发展历程中不同时间切片的关系与脉络，是从时间维度（AB）对高级时装的挖掘研究，其可解读为：①高级时装品牌并购现象出现的历史契机与历史必然性；②从高级定制产业到高级时装产业的转变与时尚品牌历史进程；③西方时尚体系变化与转型进程。而共时性则是对空间角度高级时装品牌共性特征和联系的识别，其可解读为：①关注高级时装品牌所处的时尚体系与时尚体系要素构成；②聚焦特定时期，空间范围内西方区域时尚的互动联系。历时性可以帮助我们更好地认识其共时性，而共时性则可以在当下层面反映其历时性，两者相互补充和完善共同构成了西方时尚体系视角下高级时装品牌变化和转型的进程。

　　基于历时性与共时性视角，在高级时装品牌发展历程演变过程中，存在两个维度的变化：一个是时间层面，高级时装品牌随时间发展而不断变化的过程；另一个是空间层面，对于高级时装品牌，在 20 世纪末这一特定时刻下的集体转型并购的共性分析。

　　索绪尔的理论明确了历时性和共时性的关系：①连续轴线(AB)，即历时性，处于这条轴线上的研究对象为同一事物，该事物的一切变化都位于这条轴线；②同时轴线（CD），即共时性，研究某一问题时，考察的是部分与部分或者部分与整体的关系。历时性和共时性可以是不同时间点的事物，不要求同时存在一定时间范围，因此一切时间的干预都要排除（图 6-24 左）。

　　综合时间变化与体系结构变化，高级时装产业在整个历史进程中，可以看作是一个基于延续与积淀的"同心圆"模型（图 6-24 右）。

　　基于历时性视角，每一环代表高级时装品牌在不同阶段的发展特征与共性现象，将高级时装品牌的发展进程总体分为萌芽期、繁荣期和转型期。

　　基于共时性视角，带箭头的曲线代表高级时装品牌呈连续不断的螺旋式发展特征，其所代表的是高级时装品牌随着时代发展在整个时尚体系结构特征中顺应时代的转变，从独立运营、高级定制转为高级成衣，再发展为集团化运营，最终走向品牌国际化。

　　在高级时装产业发展进程中，每一阶段的"共时"发展都被纳入总体的"历时"进程中。在这个进程中，不断进行市场转型、产业转型以及消费转型，最终成为当下我们所看见的高级时装品牌。可见，当我们综合历时性与共时性视角展开分析时，就能够全面解读高级时装品牌。

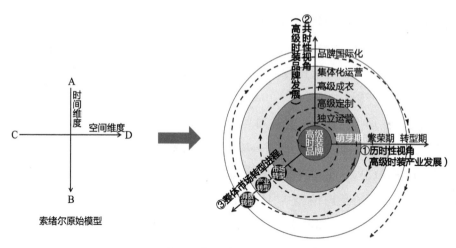

图6-24　高级时装品牌历时性和共时性分析

（三）纪梵希高级时装品牌为代表的个案分析

1. 纪梵希高级时装品牌的设计运营

纪梵希高级时装品牌成立于20世纪中叶，其间经历了从高级时装屋独立运营到集团化品牌运作方式的转变。这一典型案例的研究能够以点带面地映射法国高级时装产业的萌蘖乃至西方时尚的历史进程（图6-25）。

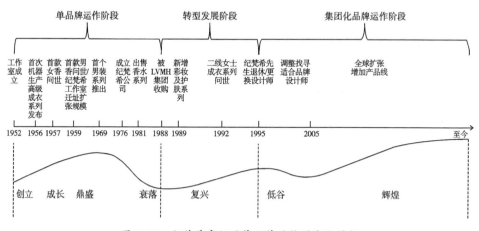

图6-25　纪梵希高级时装品牌的转型阶段划分

独立运营阶段（1952—1988年）。纪梵希高级时装品牌由品牌创始人纪梵希（Hubert de Givenchy）于1952年在法国创立，由巴黎春天百货家族和商人路易斯·方丹（Louis Fontaine）合股投资。纪梵希在与 *Marie Claire* 杂志创办人让·普鲁沃斯特（Jean Prouvost）签订合同后于 1954 年推出了"纪梵希大学"（Givenchy Universite）高级成衣系列。该品牌在创立初期沿用了高级时装屋的手工作坊式生产方式，纪梵希本人负责设计与运营管理全过程。

转型发展阶段（1988—1995 年）。20 世纪 70 年代开始，高级定制市场逐渐让位于高级成衣与大众成衣，纪梵希品牌遂遭遇严重的财务危机。1981 年，由于经营不善，纪梵希将香水系列出售给凯歌香槟（Veuve Clicquot）（后并入 LVMH 集团），而纪梵希高级时装品牌也于 1988 年被 LVMH 集团收购。尽管已经成为 LVMH 集团品牌之一，但纪梵希高级时装品牌的设计部始终独立运转，纪梵希本人也一直担任品牌设计师直至 1995 年退休。

集团化运营阶段（1995 年至今）。集团化品牌运作阶段的纪梵希高级时装品牌积极拓展门店数量，多元零售渠道，强化终端管理，丰富产品线并拓展目标消费群体。至 2020 年，纪梵希高级时装品牌在全球多个国家开设精品店，直营门店数量逾 50 家（表 6-9）。

表 6-9　纪梵希高级时装品牌独立运营和集团化设计运营管理方式比较

比对维度	独立运营阶段	集团化运营管理阶段
设计师	创始人为设计师	集团任命委派设计师
规模	手工作坊形式	大型集团分工协作形式
销售渠道	高级时装屋为主	多种销售渠道并存（百货公司、精品店、高级时装屋等）
销售范围	欧美地区为主	遍及全球市场
目标受众	贵族、上流阶层	时尚感知度高，有经济消费能力的群体
生产方式	高级时装屋为主导的作坊式生产方式	全球供应链背景下的协作式生产方式
产品系列	高级定制、高级成衣、家居品、香水等	高级时装、高级成衣、香水、化妆品、美容护理产品等
设计方式	高级时装屋为主导的作坊式生产方式	全球供应链背景下的协作生产方式

2. 基于历时性与共时性的纪梵希高级时装品牌分析

首先，从历时性视角解读纪梵希高级时装品牌的发展历程。通过时间线索顺脉纪梵希高级时装品牌的过去、现在和未来。该品牌经历了初创、成长、鼎盛、衰落和再发展五个阶段。在初创期，纪梵希成立纪梵希时装屋，以高级定制女装为主，其在初创期呈现比较简单的单一化产品运营结构；进入成长期，纪梵希高级时装品牌开始扩展业务，涉及男女装、配饰、香水等多方产品范围；在鼎盛期，其发展规模逐渐壮大，产品内容更加丰富，开始呈现多元复杂的结构；进入衰落期以后，由于多方外力因素的干扰，工作室的发展遭遇瓶颈，客户群体转移至高级成衣行业，该品牌不得已采取出售品牌线、集团化并购的举措来维持品牌发展；直至进入再发展期，集团化的并购带来新的效益，品牌相较于之前有了更系统化的合理发展。纪梵希高级时装品牌的历史进程中，经历了从高级定制到高级成衣、多元大众产品线并存的转变历程，顺脉历史，是为历史的必然。透过纪梵希高级时装品牌这一典型个案，也映射了西方时尚的历史进程。

其次，从共时性视角审视纪梵希高级时装品牌，纪梵希高级时装品牌被LVMH 集团收购，同时作为典型个案，映射了高级时装产业与时尚体系的集体转型。特别是在 20 世纪 80 年代末及以后，整个高级定制行业出现衰败颓废的趋势，纪梵希高级时装品牌也因资金问题和客户群体转移而渐显颓势。纪梵希高级时装品牌的集团化转型，是 20 世纪 80 年代以来多个高级时装品牌经历的集体选择与必然转变，也是基于共时性视角的解读。作为法国时尚体系的单位与细胞，其转型也反映了法国时尚体系构成要素、运作方式的转变。

在历史的浪潮中，高级时装品牌集团化并购具有重要意义。因此，首先我们可以对其时间维度的历时性的演变历程的挖掘，发现和厘清其演变过程。在此基础上，然后我们可以从空间维度入手，识别和提炼其具体转型特征，从而依托于时间，落位于空间，以实现对高级时装品牌的全面认知。

（四）案例小结

20 世纪末以来，国际市场发生变革，为了顺应时代发展及品牌延续性，高级时装品牌经历了两次并购浪潮，并催生了高级时装品牌的集团化现象。借鉴索绪尔关于"历时性"和"共时性"概念，从时间和空间维度解读高级时装品牌的集团化现象。

基于历时性与共时性综合视角，我们以纪梵希高级时装品牌为典型个案，分析纪梵希高级时装品牌发展历程及其设计运营方式的转变，以点带面地映射两次"收购浪潮"与高级时装品牌的集团化现象出现的历史必然，厘清高级时装品牌所处的时尚体系转变与要素构成关系，解读西方时尚的历史进程与其间的转承互动。

九、索列尔·方塔那高级时装品牌

20 世纪中叶，美国于二战后实施马歇尔计划，意大利为主要受益国之一，时尚产业成为意大利经济复苏的主要动力之一。伴随意大利工业化进程与国内生产总值不断提高，意大利时尚产业的复兴促进了世界经济、政治格局的转变。为了促进时尚产业的品牌发展、调整品牌运营模式、规划品牌发展战略，时尚品牌的设计管理应运而生。在文献资料的查阅中，我们发现，对于目前设计管理如何作用于时尚品牌发展的相关研究较为缺乏，但设计管理本身对于时尚品牌的建设作用显而易见。本章基于对 20 世纪以来意大利时尚品牌中设计管理思想的研究，以借鉴并批评的综合视角审视时尚品牌的重构与发展，以索列尔·方塔那（Sorelle Fontana）品牌为典型案例，分析时尚品牌在发展过程中如何不断审时度势地调整设计方式、运营手段与发展战略，从中探讨时尚品牌发展进程中设计与管理的双重职能，助推中国时尚品牌高质量升级。

（一）战后的意大利时尚设计环境

20 世纪 40 年代末期，美国马歇尔计划推动了二战后意大利纺织服装产业的复兴，意大利时装逐渐在全球范围崭露头角。工业化生产带来的劳动分工细化也使得设计团队创作逐渐取代了传统手工设计中的个人力量。相应地，如何协调好设计、运营、战略三者间的关系成为时尚品牌在转型升级过程中所要思考的问题。

二战后的国际服装市场走向大众化，意大利单一的家族式产业体系无法支撑全球化背景下时尚品牌的发展诉求。此时，家族产业转型、追求新的设计方式以及适应新的设计环境成为意大利时装的发展诉求（李俞霏，2014）。20世纪50年代意大利生产的增速，实现了实际国民生产总值的连年增长，以强劲的产出赶超美国，使得原本以手工制作为主的家族产业逐渐向机械化批量生产转型，并在全球范围内高效运作。在这一过程中，如何协调限量生产与批量生产的对立与妥协，也是时尚从业者对于设计管理的思考与实践。二战后女性设计师的崛起和各国流行时尚的交融，促使20世纪50年代到70年代意大利时尚产业从高级定制走向高级成衣，在时尚家族产业背景下的女性设计师在设计中融入了更前卫的审美品位，结合精湛的技术为二战后女性服饰打造了崭新面貌。此外，意大利时尚设计师的设计理念也在不断转化，打破了原本单一的手工精致的高级定制行业的审美趣味，融入了浓厚的意大利民族文化特征，在实现商业利益和生产效率的同时兼顾品牌形象，为了平衡各个设计环节并实现了意大利时尚产业复兴与家族产业的转型。

对二战前后逐渐摆脱对法国高级时装的仰望依赖，转而寻求自身发展与时尚特征的意大利时尚产业而言，索列尔·方塔那是当时崛起的一批意大利时尚品牌中的一个。以意大利服装设计师米歇尔·方塔那为首的方塔那三姐妹较早地意识到了因设计理念、市场状况、设计师身份的变化而引发的关于设计目的、服务对象和发展战略的调整需求。基于当时的社会环境，在大多数时尚品牌面对市场竞争，转而被收购走向集团化运营时，索列尔·方塔那仍坚持由设计师主导、品牌家族协作的独立品牌运营方式，并与时俱进地将具有当代设计管理思想的运营方式付诸品牌实践，审时度势地进行了品牌升级创新。在某种程度上，索列尔·方塔那在运营过程中开展的多项设计管理实践，是综合面向上流阶层的高级定制与面向大众市场的高级成衣业务，通过融合意大利手工精制与工业生产，使方塔那高级时装屋达到设计与生产管理各环节资源的有效配置。从广义上可理解为是关于二战后设计生产环境的变化促使职业设计师、设计管理者、企业对于品牌设计管理的新考量与新实践，也从侧面映射了一个国家关于设计管理与时尚产业发展的宏观把握。索列尔·方塔那品牌所具有的代表性与特殊性，能够映射意大利时尚的转承发展，进而还原西方时尚发展的历史进程。可见，在特定的社会背景下，索列尔·方塔那高级时装屋实践活动所呈现的是设计管理者有关设计目标、运营方式、品牌管理、服务对象等内容的思考。下面我们以索列尔·方塔那高级时装屋的发展历程映射其体现的设计、运营与战略方面相对先进的设计管理思想，以点带面地映射 20 世纪中叶以来高级定制与高级成衣、手工精制与机械生产并行的近现代设计管理新面貌。

（二）时尚品牌索列尔·方塔那的发展历程

二战后，意大利的高级时装定制在罗马复苏。索列尔·方塔那品牌作为意大利高级时装定制的先行者，在这一历史时期为意大利时装的发展写下了重要的一笔。我们从历史角度分析索列尔·方塔那品牌在设计管理方面的先进性以及与其时代背景的关联性，见图 6—26。

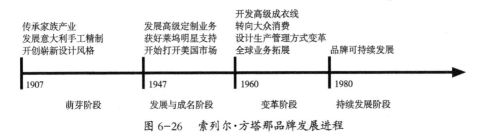

图 6-26　索列尔·方塔那品牌发展进程

1. 萌芽阶段（1907—1947 年）

早期的索列尔·方塔那高级时装屋属于意大利帕尔马式的传统家族产业，由方塔那三姐妹的父母经营。方塔那三姐妹从小在耳濡目染下，积攒了服装设计与生产的经验。成年后的方塔那三姐妹通过对女性时装的思考与实践，融汇意大利传统手工艺与国际化审美，开创了崭新的意大利时装设计风格。1943 年，怀揣着时装设计梦想的方塔那三姐妹一起在西班牙的罗马广场开设了第一家名为索列尔·方塔那的时装屋，开始了向美国好莱坞展现"意大利制造"的初步探索（卞向阳等，2008）。

2. 发展与成名阶段（1947—1960 年）

索列尔·方塔那时装屋的发展在一定程度上得益于 20 世纪中叶意大利时尚产业所经历的巨大变革。借助意大利纺织业的天然优势与政府相关政策的扶持，1948 年意大利服装中心建立，为分散的意大利家族服装产业提供了一个正式、统一的管理组织，促进服装行业的有序发展。1951 年，意大利著名企业家贾瓦尼·巴斯特·乔治尼在意大利佛罗伦萨举行了第一次意大利高级时装展，这场创新性的展览博得了美国商人和媒体的高度赞赏。大量时尚记者和国际买手的涌入，更直接地将意大利时尚品牌推向了国际市场。

伴随着美国好莱坞黄金时代的氛围渲染，各种奢华的影视剧作和娱乐活动蔓延到了意大利上流社会，意大利悠久的历史与文化底蕴吸引着海外资本家的目光，索列尔·方塔那凭借影视服装的亮眼设计很快成为各国上流社会名媛乃至普罗大众追捧的服装设计品牌，也将"意大利制造"推向更广的平台。时尚产业的发展逐渐成为意大利的国家经济竞争优势，这为索列尔·方塔那高级时装品牌的成名与意大利产业集群的转型奠定了基础。索列尔·方塔那也不断在品牌化发展的进程中寻找新的突破，媒体推广和口碑传播更是为索列尔·方塔那高级时装品牌的海外业务拓展提供了契机。

3. 变革阶段（1960—1980年）

随着20世纪60年代"年轻风暴"的开启，服装市场的流行文化逐渐大众化，索列尔·方塔那也开始了针对性的关于生产思路与营销结构的大规模调整。经过对市场的研究，索列尔·方塔那开启了美国成衣生产模式在意大利时装业中的应用之道（曾山等，2002）。首先，在产品设计方面，索列尔·方塔那开创了高级成衣线方塔那极致系列，通过开发高级成衣产品线实现品牌目标消费群的拓展；其次，在产品生产方面，为解决工业机械化生产与美学标准之间的矛盾，索列尔·方塔那通过融合手工精制与机械化生产并存的生产模式，同时发展高级定制与高级成衣。高级成衣业务的开发也预示着索列尔·方塔那高级时装品牌将进入一个更巨大、更综合的市场，也将面临更严峻的市场淘汰。

4. 持续发展阶段（1980年至今）

随着LVMH集团、开云集团、阿玛尼集团等全球时尚集团的陆续成立，越来越多的时尚品牌被收购，以更加产业化、集团化的运营模式重新调整品牌的营销手段与发展战略。这一阶段的索列尔·方塔那在多年积累的资源和声望加持下，仍坚持独立的品牌化经营，不断地进行品牌管理的探索与突破。

作为意大利时尚的诠释者，意大利政府为了表彰方塔那对意大利时尚界的特殊贡献，在20世纪90年代首次以设计师之名命名街道——"Zoe Fontana"。方塔那三姐妹的传奇经历也通过电影"时尚姐妹"（Atelier Fontana – Le sorelle della moda）被记录了下来，方塔那三姐妹坚守意大利手工艺，被誉为"书写意大利第一阶段服装史"的主要领军人物,以索列尔·方塔那为代表的女性独立设计师的故事仍垂范着意大利高级时装业,影响了一批又一批国际知名的设计师们,如蒂埃里·穆勒(Thierry Mugler)、吉斯尼·范思哲(Gitsni Versace)等。经过历史的洗涤,具有索列尔·方塔那品牌代表性的服装正通过馆藏与展览的形式继续着它的品牌推广,如法国卢浮宫、美国纽约大都会博物馆及古根海姆博物馆等。

(三)高级时装品牌索列尔·方塔那的设计运营方式

索列尔·方塔那高级时装品牌在运营管理的过程中,通过对设计管理思想的实践,渐渐形成了其特有的设计管理方式。在设计层面,索列尔·方塔那高级时装品牌融合意大利传统手工艺的设计理念,实时接轨设计趋势变化与国际化艺术审美,与时俱进更新品牌设计元素与产品创新,提升品牌审美的同时提高设计与品牌的综合价值,并利用服装展览的方式联合手工艺者、设计师、国际买手、艺术家实现商业与艺术的平衡。与此同时,其在设计变现的过程中考虑家族产业各种设计资源的有效配置,使之形成一定的组织架构,共同为整个产业链提供动力。在运营层面,索列尔·方塔那坚持为上流阶层提供高级定制服务,利用名人效应达到品牌的有效推广,融合上流阶层与品牌的密切关系制造时尚话题。应对市场多元化、全球化的转变,索列尔·方塔那通过考虑市场细分与差异化运营,综合意大利手工精制与工业生产的平衡,并通过产品线拓展以适应大众化的分销市场。在战略层面,索列尔·方塔那明确品牌定位与品牌形象塑造,注重客户关系的管理与品牌忠诚度的培养。索列尔·方塔那通过差异化全球市场战略,应对品牌全球化业务拓展与品牌延伸,快速反应并匹配市场需求。

1. 设计生产——高级定制与高级成衣结合

17世纪以来,法国在国际社会的时尚地位居高不下,其高级定制时装一度垄断着欧洲的时尚市场。直至20世纪50年代,受第二次世界大战、第二次工业革命等因素的影响,欧洲时尚产业发展受到重创,各国时尚产业面临艰难转型。索列尔·方塔那高级时装品牌作为当时大批亟待摆脱对法国高级定制仰望依赖、寻找适合自身发展模式的意大利时尚品牌中的一个,尝试在设计层面寻求突破。

在设计风格方面，方塔那三姐妹作为品牌设计师，将文艺复兴时期的设计元素结合国际化审美进行原创设计，将高级面料质感、顶级手工刺绣和意大利文化完美融入索列尔·方塔那高级时装品牌的产品设计之中，赋予品牌高级的品质感和历史传承性。延续意大利历史文化底蕴并融合宗教美学的索列尔·方塔那通过独树一帜的设计风格，吸引了意大利甚至整个欧洲的品牌忠实受众。

在生产制作方面，索列尔·方塔那坚持将传统手工艺技术作为其设计生产业务的必要辅助手段，直接在模特身上进行服装设计和修改是索列尔·方塔那高级定制的传统实践。为配合设计与生产的协调运作，索列尔·方塔那在这一时期建立了设计工作室，为品牌储备设计人才和手工匠人作准备，从而更高效地满足上流阶层的定制需求。面对工业化水平提升所带来的对传统高级定制服务的冲击，方塔那三姐妹发现单一领域产品的局限性和产品创新的必要性，鉴于各国不同文化习惯和衣着风格是影响产品推广的重要原因之一，索列尔·方塔那通过平衡国际化标准的设计方式，融入既有的品牌元素与创新时尚元素进行产品创新。其中，伴随众多意大利时尚品牌进军美国市场，意大利时尚品牌开始迎合大众流行文化盛行的美国市场，积极拓展时尚商品的海外输出与大众消费市场的拓展，索列尔·方塔那通过学习美国成衣制作工艺，较早地开始了手工精制与工业化生产相结合的产品生产模式，相对应地升级了高级定制与高级成衣结合的双重产品线生产，并把批量生产应用于多样化的产品品类，以打开品牌的国际市场。同时，为了追求"意大利制造"的质量与价格之间的商业平衡，索列尔·方塔那建立了专门针对美国市场需求的新工厂，通过不同产品线的精准划分与生产销售以提升企业的整体效益，在一定程度上推动了设计与生产的细化与分工（张立巍等，2007；高宣扬，2006）。

2. 运营手段——上流阶层与大众市场协同

20 世纪中叶以来，"意大利制造"声名鹊起，越来越多的好莱坞影星、皇室贵族、社会名流慕名而至。这类群体作为当时的时尚偶像，其时尚形象往往会被大多数人所争相模仿。在好莱坞电影事业的黄金时代，索列尔·方塔那始终与美国名流紧密相连，其客户有肯尼迪夫人——杰奎琳·肯尼迪（Jacqueline Kennedy），以及好莱坞明星伊丽莎白·泰勒（Elizabeth Taylor）、奥黛丽·赫本（Audrey Hepburn）、艾娃·嘉德纳（Ava Gardner）等。索列尔·方塔那更是借助这样的名人效应，通过电影、杂志等传统媒体，辅之以时装展览的形式，为品牌推广制造话题，使得品牌的高级定制业务得以声名远扬（卞向阳，2010）。究其原因，不仅是因为索列尔·方塔那高级时装品牌改良了全新的外观，更为重要的是设计师针对上流阶层这一核心消费群体，坚持了品牌设计的独创性与传统意大利手工技艺，保证了产品品质和艺术审美，以此彰显上流社会阶层的卓越品位。

美国马歇尔计划促进了意大利与美国的贸易往来，以大众消费为主要特征的美国市场逐渐成为意大利时尚品牌出口的主要对象。如何解决意大利时尚品牌固有的上流阶层消费群与美国大众市场消费群体的协同问题，直接推动了意大利时尚产业由单一的高级定制向多产品线的时尚品牌运营模式转型（张驰，2014）。索列尔·方塔那针对核心消费群体的需求，开发了适应国际市场的产品，拓展了外销渠道；提供了定制化和人性化的品牌服务，同客户保持了密切的关系管理，展现了品牌对于客户终身价值的关注。在品牌的运营过程中，索列尔·方塔那通过对目标市场的再定位，形成了高级定制与高级成衣双重产品线（表6-10），以匹配不同的核心消费群，充分保证了品牌竞争优势的同时，拓宽了品牌消费市场（张焘，2006）。从当代设计管理的角度来看，在革新设计理念后，索列尔·方塔那在坚持独立的品牌运营过程中，不得不经历设计师职能的转变。在应对新的市场细分过程中，索列尔·方塔那面临着运营模式调整，通过依靠与时代同步的名人效应等营销手段和产品线分化与产业集群等品牌运营模式创新，展现了该时代背景下颇具现代化意味的运营方式。可见，索列尔·方塔那高级时装品牌在历史发展阶段中时刻保持先进性与前瞻性，体现现代化的设计管理思想。

表6-10 索列尔·方塔那高级定制与高级成衣产品线差异化对比

具体特征	索列尔·方塔那高级定制	索列尔·方塔那极致时尚系列高级成衣
服务对象	上流阶层与贵族群体	大众消费群体
工艺方式	手工生产	手工生产与工业化生产结合
工艺特点	传承意大利传统的纯手工生产	融合意大利纯手工观念和美国工业生产技术 工序细化后协同制造
产品品类	婚纱、礼服、正装	成衣产品系列、配饰、香水等
设计特点	融合意大利传统工艺美学 欧洲文化灵感与国际化审美	融入既有的品牌元素与创新时尚元素的产品创新 多样化的设计风格和品类延伸满足差异化消费群体

3. 战略规划——品牌定位与市场延伸同步

索列尔·方塔那较早地意识到了品牌形象的塑造与明确的品牌定位对消费者的影响。一方面，索列尔·方塔那将高级定制系列的目标市场定位为社会上流阶层与贵族群体，尽管价格相对成衣产品高，但其设计之精美使得上流名媛趋之若鹜；另一方面，索列尔·方塔那高级成衣品牌线的目标市场为美国市场的中高端客户群，产品可选择性更大，价格定位也相对更加合理。与此同时，索列尔·方塔那较其他时尚品牌，较早地将自己的品牌标识（现称为"布标""织唛"）以意大利手写体的形式缝制于品牌产品上，并有所差异化地匹配不同品类的产品。无论是高级定制还是高级成衣，索列尔·方塔那的产品始终带有典型的"意大利制造"意味与品牌独特的设计风格，使得每款产品的辨识度极高，潜移默化地培养了消费者对于品牌形象的固有认知与消费忠诚度。事实上，方塔那三姐妹在其高级时装屋初创时期就开始采用稳定的品牌标识，始终不变的原产国标签"意大利制造"，是意大利时尚产业精心维护的高端品质。方塔那三姐妹面向不同产品线所采用的差异化标识，反映了该品牌对市场、生产方式、消费需求与产品设计、品牌形象的差异化定位。

随着索列尔·方塔那作为首个以"意大利制造"为标签打开美国时装市场的高级时尚品牌，美国市场展现了对意大利高级成衣的极大需求。索列尔·方塔那为了开拓分销渠道，并进行了有效的市场细分，1951 年将全部服装系列授权卖给了美国高级百货布道夫·古德曼，独家供应以打造品牌化概念，以区别于一般的以批量生产为特点的意大利服装制造商。随着意大利与美国之间自由贸易的深入发展，索列尔·方塔那开始了全球化的市场延伸，具体表现为针对不同国家与销售市场的差异化营销，每个区域销售团队的员工大多都来自本土地区，以当地人独有的文化背景契合本土消费者需求，使该品牌在多元化的国际市场竞争中占有一席之地（杨道圣，2013；Nicola，2000）。

索列尔·方塔那的品牌定位与延伸发展中所呈现的是以培养客户终身价值为品牌定位目标、差异化的市场进入标准和服务匹配品牌全球业务拓展，从而快速进入并占据市场的发展历程。

（四）案例小结

20世纪中叶以来，以美国所实行的马歇尔计划为契机，市场需求的扩大和生产技术的更新促进了意大利时尚产业在短时间内的迅速重建与革新。索列尔·方塔那在这一阶段也经历了设计目标、对象、方式的转变，在品牌升级过程中所贯穿的设计管理思想更是体现了以索列尔·方塔那为代表的设计师们对于设计方式、运营手段与战略规划三个方面的思考与认知。首先，在设计方式方面，面对工业机械化生产与美学标准之间的矛盾，索列尔·方塔那品牌将意大利传统美学与当下流行文化相结合，在保留自身品牌设计风格的同时，其设计审美与时俱进，通过高级定制与高级成衣共同生产以追求工业化生产与手工精制的平衡，坚守"意大利制造"的品牌形象与高级定制设计师的匠心。其次，在运营手段方面，索列尔·方塔那品牌一方面坚持高级定制服务，满足原有的上流消费市场，另一方面通过半手工生产与工业生产结合的方式，应对时尚品牌市场大众化、国际化的挑战，通过多产品线的运营模式拓展新兴的大众消费市场与国际销售渠道。再次，在战略规划方面，索列尔·方塔那通过明确的品牌定位、良好的客户关系管理、科学的营销手段，树立深入人心的品牌形象。此外，为了迎合市场全球化、一体化的时代背景，推动品牌走向世界，索列尔·方塔那品牌以差异化的市场进入手段，匹配受众市场广度。总的来说，相比同时期的法国高级定制品牌，或其他国家的时尚品牌而言，索列尔·方塔那品牌抓住时机，率先与美国市场展开商业合作关系，在通过差异化营销巩固"意大利制造"的品牌优势的同时，为品牌开启了一条独特的全球化分销道路。索列尔·方塔那作为意大利在二战后这一特殊时期成功转型且迅速崛起意大利时尚品牌，设计管理思想贯穿了其在设计、运营、战略这三个方面的革新过程，以点带面地反映了意大利时尚产业的复兴历程，对中国时尚产业与品牌发展具有一定的参考价值。

参考文献

巴特，1999. 神话：大众文化诠释 [M]. 许绮玲，译. 上海：上海人民出版社.

巴特，2000. 流行体系：符号学与服饰符码 [M]. 敖军，译. 上海：上海人民出版社.

卞向阳，2010. 国际时尚中心城市案例 [M]. 上海：格致出版社：56-67.

卞向阳，张旻，2008. 20 世纪意大利服装业的演进 [J]. 东华大学学报（自然科学版）(4): 416-421.

布迪厄，华康德，1998. 实践与反思 [M]. 李猛，李康，译. 北京：中央编译出版社.

布罗代尔，1993. 15 至 18 世纪的物质文明、经济和资本主义 [M]. 顾良，译. 北京：生活·读书·新知三联书店.

邓悦现，2018. 时装的自白 [M]. 重庆：重庆出版社.

凡勃伦，1964. 有闲阶级论：关于制度的经济研究 [M]. 蔡受百，译. 北京：商务印书馆.

菲梅尔，2014. 你所不知道的香奈儿 [M]. 北京：北京美术摄影出版社：184.

高宣扬，2006. 流行文化社会学 [M]. 北京：中国人民大学出版社：78-83.

戈巴克，2007. 亲临风尚 [M]. 法新时尚国际机构，译. 长沙：湖南美术出版社.

戈得曼，1984. 推销技巧：怎样赢得顾客 [M]. 北京：机械工业出版社.

韩琳娜，2013. 保罗·波烈女装设计的身体观研究 [D]. 武汉：武汉纺织大学.

雷马利，2011. 香奈儿 [M]. 上海：上海书店出版社：220.

李亮之，2001. 世界工业设计史潮 [M]. 北京：中国轻工业出版社：24-31.

李俞霏，2014. 意大利时尚产业的发展路径与策略 [J]. 东岳论丛 (3): 170-174.

凌玲，2018. 浅析东方元素对保罗·波烈服装的影响 [J]. 明日风尚 (12): 302-302.

路晓瑛，2015. 香奈儿品牌的视觉消费文化研究 [D]. 兰州：兰州大学.

彭永茂，2017. 谈 30 年代夏帕莱里的服饰艺术 [J]. 艺术工作，2017(3): 79-81.

齐美尔，2017. 时尚的哲学 [M]. 费勇，译. 广州：花城出版社.

石继军，2019. 大众传媒对流行文化传播影响探析 [J]. 文化创新比较研究，3(8): 58-59.

宋严萍，2006. 19 世纪法国资产阶级概论 [J]. 淮阴师范学院学报（哲学社会科学版）28(4): 533-537.

索绪尔，1980. 普通语言学教程 [M]. 岑麒祥，叶蜚声，高名凯，译. 北京：商务印书馆：132.

王梅芳，2015. 时尚传播与社会发展 [M]. 上海：上海人民出版社.

魏东，2016. 香奈儿经典服装款式与细节变化及应用的研究 [D]. 天津：天津工业大学：11.

沃克，阿特菲尔德，2011. 设计史与设计的历史 [M]. 周丹丹，易菲，译. 南京：江苏美术出版社：80.

谢蕊，周梦，2019. 优雅与叛逆：加布里埃·香奈儿与艾尔莎·夏帕瑞丽的比较分析 [J]. 浙江纺织服装职业技术学院学报 18(3): 62-66.

杨道圣, 2013. 时尚的历程 [M]. 北京 : 北京大学出版社 .

曾山 , 胡天璇 , 江建民 , 2002. 浅谈设计管理 [J]. 江南大学学报 (人文社会科学版)(1): 103–105.

张弛 , 2014. 聚焦意大利 V&A 重现六十年意大利时尚魅力 [J]. 设计 (8): 140–145.

张夫也 , 2006. 外国工艺美术史 [M], 北京 : 高等教育出版社 : 314–318.

张立巍 , 福田民郎 , 2007. 谈我国设计管理教育的发展方向 : 美国和日本设计管理教育的概况及启示 [J]. 装饰 (4): 104–107.

张焘 , 2006. 设计与设计管理 [J]. 南京艺术学院学报 (美术与设计版)(4): 118–119.

赵春华 , 2014. 时尚传播 [M]. 北京 : 中国纺织出版社 .

郑巨欣 , 2014. 设计管理学导论 [M]. 杭州 : 浙江大学出版社 : 2–4.

Battaglia M, Testa F, Bianchi L, 2014. Corporate social responsibility and competitiveness within SMEs of the fashion industry: Evidence from Italy and France[J]. Sustainability, 6(2): 872–893.

Best K, 2006. Design Management: The Management of Design Strategies, Processes and Projects[M]. Singapore, AVA Publishing SA: 45–56.

Blaszczyk R L, Pouillard V, 2020. Fashion as enterprise[M]. European fashion. Manchester: Manchester University Press.

Herbert Blumer, 1969. Fashion: From class differentiation to collective selection[J]. The Sociological Quarterly, 10(3):275–291.

Bowles H, 2007. Fashioning the Century[J]. Vogue (5): 236–250.

Maria Lucia Bueno, 2014. Charles James, um astro sem atmosfera no mundo da moda[J]. dObras – revista da Associao Brasilra de Estudos de Pesquisas em Moda, 7(16): 39.

Caddy D, 2008. Classic Chic: Music, Fashion, and Modernism (review) [J]. Music and Letters, 89(3): 430–432.

Choi K H, 2016. Fashion criticism in museology–The Charles James retrospective[J]. Journal of the Korean Society of Clothing and Textiles, 40(3): 437–455.

Cole D J, 2011a. Conference Proceedings 2011 Fashion & Luxury: Between Heritage & Innovation[C]. Queensland University of Technology.

Cole D J, 2011b. Conference Proceedings 2011 Fashion & Luxury: Between Heritage & Innovation[C]. Paris, Institut Français de la Mode: 173–181.

Coleman A, 1989. The Opulent Era: Fashions of Worth, Doucet, and Pingat [M]. New York, Brooklyn Museum.

De la Haye A, Mendes V, 2014. The House of Worth: Portrait of an Archive [J]. London, Fashion Theory, 47(3): 47–53.

Grob P, 1990. Design Management [M]. London: Architecture Design and Technology Press: 103–128.

Gross M, 1985. Chanel Today [N]. The New York Times, 1985–07–28.

Hollander A, 1992. The Modernization of Fashion [J]. Design Quarterly (154): 27–33.

Hollins G, Hollins B, 1991. Total Design: Managing the Design Process in the Service Sector [M]. Pitman.

Inoue–Arai S, 2000. Les programmes musicaux officiels de l'Exposition universelle de 1900 a Paris[J]. Bulletin of the Aichi Prefectural University of Fine Arts & Music(30): 3–30.

Joanne E, 2015. The fashioned body: fashion, dress and modern social theory [M]. New York: John Wiley and Sons.

Joseph A, 2014. "A Wizard of Silks and Tulle" : Charles Worth and the Queer Origins of Couture[J]. London, Victorian Studies, 56(2): 251–279.

Kawamura Y, 2004. The Japanese revolution in Paris fashion [M]. New York: Berg Publishers.

Kawamura Y, 2005. Fashion–ology: An introduction to fashion studies[M]. New York: Berg Publishers.

McDonough M. 2019. Karl Lagerfeld, fashion designer who reinvented Chanel, dies at 85 [N]. The Washington Post, 2019–02–19.

Museum B, Coleman E A, James C, 1982. The genius of Charles James [M]. Brooklyn Museum, Holt, Rinehart, and Winston.

Nagasawa S, 2011. Managing Organization of Chanel SA[J]. Waseda Business & Economic Studies: 47: 4766.

Nicola W, 2000. Reconstructing Italian Fashion: America and the Development of the Italian Fashion Industry [M]. Oxford: Berg Publishers: 108–109.

Papalas M, 2016a. Avant–garde cuts: Schiaparelli and the construction of a surrealist femininity[J]. Fashion Theory, 2016, 20(5): 503–522.

Papalas M, 2016b. Performative fashion discourse: Vogue Paris and Elsa Schiaparelli [J]. International Journal of Fashion Studies, 3(1): 69–89.

Papalas M, 2017. Fashion in interwar France: The urban vision of Elsa Schiaparelli[J]. French Cultural Studies, 28(2): 159–172.

Parkins L, 2012. Poiret, Dior and Schiaparelli: Fashion, Femininity and Modernity [M]. Berg Publishers.

Queensland University of Technology. Browse By Publication: Conference Proceedings 2011 Fashion & Luxury: Between Heritage and Innovation[J]. Queensland University of Technology.

Rantisi N, 2006. How New York stole modern fashion [J]. Fashion's world cities: 109–122.

Reeder J G, 2019. Michèle Gerber Klein, Charles James: Portrait of an Unreasonable Man [J]. Costume: 291–292.

Rosa, A M, 2003, The evolution and democratization of modern fashion: from Frederick Worth to Karl Lagerfeld's fast fashion[J]. Paris, Comunicação e Sociedad, 24: 79–94.

Schiaparelli E, 1954. Shocking life[M].Victoria & Albert Museum.

Sparke P, 2008. Interior Decoration and Haute Couture: Links between the Developments of the Two Professions in France and the USA in the Late Nineteenth and Early Twentieth Centuries—A Historiographical Analysis[J]. Journal of design history, 2008, 21(1): 101–107.

Sperling J, 2018. The Hidden History of American Fashion: Rediscovering 20th–century Women Designers[J]. Clothing Cultures, 5(3): 391–395.

Spindler A M, 1996. Study in Contrasts: Chanel, Givenchy [N]. The New York Times, Oct. 15.

Steele V, 2017. Paris Fashion: a Cultural History[M]. Bloomsbury Publishing.

Sun Q, 2016. Emerging Trends of Design Policy in the UK [C]. Aarhus: Design Research Society Anniversary Conference.

Sweeney–Risko J, 2015. Elsa Schiaparelli, the New Women, and Surrealist Politics [J]. Interdisciplinary Literary Studies, 17(3): 309–329.

Troy N J, 2002. Paul Poiret's Minaret Style: Originality, Reproduction, and Art in Fashion [J]. Fashion Theory, 6(2): 117–143.

Villette S M, Hardill I, 2010. Paris and fashion: Reflections on the role of the Parisian fashion industry in the cultural economy [J]. International Journal of Sociology and Social Policy, 30(9): 461–471.

Wright G, 1995. France in Modern Times [M]. New York: W.W. Norton & Co.: 285–286.

第七章

西方时尚与跨学科理论研究

诚如本书前文，时尚本身具有的学科交叉属性，决定了对其研究的进一步推进需要展开跨学科（艺术学、社会学、经济学、考古学、传播学等）的综合研究。本书通过借助相关领域交叉学科理论，譬如：目标一致理论、元理论、文化经济学理论、场域理论、文化地理学理论、梯度转移理论等，综合新的历史信息素材、新的研究视角与方法，历史信息的再确认，以综合性研究的方式不断推进时尚理论创新。

一、综合性的时尚研究

国外时尚研究始于社会学视角的解读，后涉及符号、经济、心理等多学科。可见，最初的时尚研究就具有跨学科、综合性的理论研究特征。国外现有时尚研究主要有：是炫耀性消费产物（凡勃伦，1964）；是既定模式的模仿（齐美尔，2017）；是社会改革的武器（罗斯，2012）；是研究大众文化（巴特，1999）；是基于符号学和结构主义探讨时尚系统（巴特，2000）；是集体选择过程（布鲁默，1996）；具空间结构关系（布迪厄等，1998）；探讨 19 世纪法国时尚体系；得益于制度性基础系统以平衡审美属性与商业需求（Rantisi，2004）；须考虑受外部因素影响的时尚消费心理（思罗斯比，2015）；是社会制度与各种机构组成的系统（Kawamura，2005）；受文化资本与可持续思想影响；是心理学视角的时尚文化价值解读（塔尔德，2008）。

国内时尚研究始于 20 世纪末，已有研究围绕国际时尚体系的话语权和如何开展中国时尚研究有了一些探讨。国内现有时尚研究主要有：时尚兴替映射社会变迁（周晓红，1995）；是现存社会秩序的再生产渠道（周宪，2005）；国际流行体系被分为上下层级（肖文陵，2010）；政府主导、制造时尚、消费时尚、市场导向是常见时尚发展模式（刘长奎等，2012）；是由媒体、明星、消费工业构成的社会系统（杨道圣，2013）；借鉴场域理论探讨中法时尚场（姜图图，2012）；夯实中国文化主体性以构建中国时尚文化传播体系（肖文陵，2016）；时尚产业发展需加强政府和时尚协会引导（孙虹，2018）；时尚产业具经济与文化双重属性（李加林等，2019）。

综上，西方学者自 19 世纪末以来就展开了涉及多个学科的时尚综合研究，可见时尚学科范畴的相关研究在探索之初就显现出多学科交叉的特征，已有研究更加涉及社会学、符号学、经济学、艺术学等多学科范畴，为基于综合视角展开跨学科的时尚研究奠定了基础。

二、目标一致理论的借鉴思考

基于目标一致理论的核心观点，当个体与群体方向一致时，个体能力得以充分发挥；同时，群体的整体功能得以最大化。借鉴该理论，我们将"个体"对应"区域时尚发展"，"群体"对标"世界时尚整体进程"。再者，作为设计的前沿部分，时尚是区域范围内先锋思想与前沿文化的艺术表现，更加形成于自"个体到群体""区域到整体"的转化发展进程中。

换而言之，当区域时尚发展趋势与世界时尚发展进程协同，符合世界时尚发展的客观趋势时，区域范围内的时尚发展环境趋于优化，能够在促进区域时尚繁荣的同时实现各区域时尚联系互动，推进世界时尚整体进程。基于这一理念，本书以意大利、法国、美国、英国为西方时尚历史研究样本，分析其形成机理与彼此的联系互动，启发中国时尚文化凝练与区域时尚中心的建构。

本章基于西方时尚中心建构发展的经验与历史样本分析，借鉴目标一致理论，探讨西方时尚中心的形成机理与西方时尚发展进程中各个区域中心的转承契机、联系互动、必然趋势，并通过相关核心驱动因素的界定，比对中西，为中国时尚产业发展与正在形成中的中国大众流行文化提供借鉴。

（一）对目标一致理论的借鉴

1. 基础理论认知

目标一致理论的核心观点，即：处于群体中的个体，只有个体方向与群体

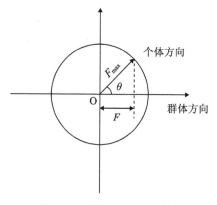

图 7-1　目标一致理论模型

方向一致时，个体的能力才得以充分发挥，群体的整体水平也随之最大化。可见，个人潜能的发挥与个人和群体方向间，存在着一种可以量化的函数关系（诺思，1994）。如图 7-1 所示，F 表示一个人实际发挥出的能力，F_{max} 表示一个人潜在的最大能力，θ 表示个人目标与组织目标之间的夹角。可用公式表示三者之间的关系：$F=F_{max} \times \cos\theta$（$0° \leqslant \theta \leqslant 90°$），当个人目标与组织目标完全一致时，$\theta=0°$，$\cos\theta=1$，$F=F_{max}$，个人潜能得到充分发挥。当两者不一致时，个人的潜能受到抑制，$\theta \geqslant 0°$，$\cos\theta < 1$，$F < F_{max}$。

2. 理论借鉴设想

通过对目标一致理论的借鉴，我们将"个体"对应于"区域时尚发展"，将"群体"带入为"世界时尚整体发展进程"，不同区域间的时尚的互动与世界时尚的整体发展进程同样符合目标一致理论，可量化其函数关系。如图 7-2 所示，F 表示某一区域时尚在发展过程中所形成的时尚影响力及时尚产业的发展规模，F_{max} 表示该区域时尚影响力及其产业发展的最优程度，θ 表示该区域时尚发展方向与世界时尚的客观发展趋势及整体进程之间的夹角，可用公式表示三者之间的关系：$F=F_{max} \times \cos\theta$（$0° \leqslant \theta \leqslant 90°$）。通过公式不难理解，当该区域的时尚发展方向与世界时尚发展的客观趋势及整体进程完全一致时，该区域的时尚影响力与时尚产业将得到充分的发展与壮大，即 $\theta=0°$，$\cos\theta=1$，$F=F_{max}$。当两者不一致时，该区域的时尚发展便会受客观条件抑制，$\theta \geqslant 0°$，$\cos\theta < 1$，$F < F_{max}$。

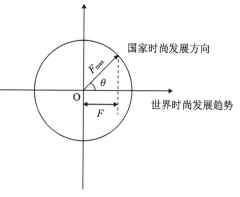

图 7-2　目标一致理论的借鉴应用

（二）基于目标一致理论的时尚驱动力分析

借鉴目标一致理论，可理解为当某一区域时尚发展符合"目标一致理论"时，通过相关条件驱动，该区域的时尚产业与时尚文化必然在自我提升的基础上随之向其他区域扩散，并积极影响时尚文化发展欠发达区域。基于上述理论分析，我们认为在时尚发展进程中，形成不同区域间的联系互动是发展必然，在促进各区域自身时尚发展的过程中推进世界时尚整体进程是时尚发展的最终目标（弗格，2016；霍金斯，2011）。借鉴目标一致理论，我们将驱动因素简单地分为两组组合力：拉力与推力，阻力与斥力。

1. 拉力与推力

随着第二次工业革命的深入，不同区域间的交流趋于频繁，社会思想与艺术文化的发展、工业化进程加速、传播媒介的更新迭代、消费市场转变等外部环境的变化共同拉动时尚发展。因此，各个区域的时尚产业将受到世界外部整体环境影响的发挥积极作用的驱动力界定为拉力。

同样地，不同区域的时尚发展依赖于各具特色的时尚体系，时尚产业的发展规模在一定程度上映射了区域范围内的经济发展水平与文化繁荣程度。

因此，以满足本身区域经济、政治、思想发展与扩张需求目的的推力产生，我们将受区域内部发展环境影响下形成的积极驱动力界定为推力。

拉力与推力作为一对组合力，驱动时尚相对发达的区域逐步向时尚相对欠发达区域辐射并产生积极影响，其中包括优势时尚文化的输出，时尚品牌的输出等。

当某一区域的拉力或推力任意方变强时，便会促使该区域的时尚产业与品牌转型升级，并在拉力与推力的共同作用下促进区域时尚的联系互动与转承发展（图7-3）。

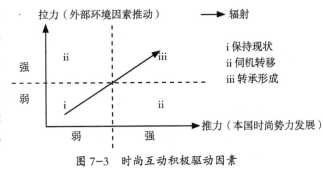

图7-3 时尚互动积极驱动因素

2. 阻力与斥力

世界一体化进程的加速，区域间封闭状态被突破的同时，区域贫富差距扩大，经济发展不平等、不平衡等一系列阻碍世界时尚发展整体进程的客观因素出现，我们将这些受外部宏观环境影响而形成的消极因素界定为阻力。

时尚的转承过程中必然存在着一定的阻碍，剔除不可抗力因素，时尚欠发达区域对于外来文化的接受程度在很大程度上影响了它本身时尚文化与时尚产业的转化升级（巴特，2010；2011）。区域历史文化背景与政治经济政策等区域内部环境因素导致对待外来文化的态度差异，我们将受区域内部环境因素形成的消极因素定义为斥力。

阻力越强，越妨碍区域间时尚的联系互动；斥力越强，则越排斥其他区域时尚文化的输入，不利于时尚的联系互动与发展。当阻力与斥力相对较弱时，时尚欠发达区域能更好地借鉴吸收优秀的外来时尚文化，积极推动本区域时尚产业发展（图7-4）。

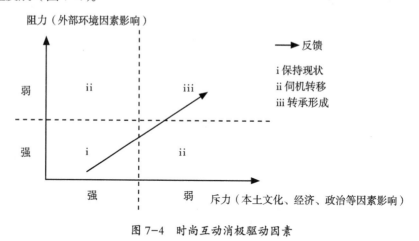

图7-4 时尚互动消极驱动因素

（三）基于目标一致理论的西方时尚历史样本研究

1. 西方时尚区域文化特色

（1）以"文艺复兴与高级成衣"为特色的意大利米兰时尚

从17世纪具有明显古希腊、古罗马传统意味的服饰时尚，到18世纪效仿法国宫廷时尚发展高级定制时尚产业，再到19世纪的产业冲击与发展方向调整变革，意大利时尚及时尚产业的发展是一个"去巴黎化"，建立自身独特"身份识别"的过程（Kawamura，2004）。二战后恢复经济发展是意大利时尚变革的重要节点，意大利是美国马歇尔计划的获益国之一，在马歇尔计划的推动下其纺织工业极大发展，同时凭借本身强大的纺织基础与精益求精的工匠精神，促使当时大多时尚设计师因时制宜，发展本国高级成衣时尚产业。因艺术历史底蕴的加持与文化传承品质的保证，近半数的意大利时尚产业与时尚品牌都诞生于米兰，使得米兰成为当之无愧的意大利时尚中心（Kawamura，2005）。

（2）以"宫廷文化与高级定制"为特色的法国巴黎时尚

时尚概念伴随着文艺复兴运动流传至法国，基于路易十四对于时尚格调的痴迷与灵敏的商业市场嗅觉，在法国宫廷大臣的绝对支持与辅佐、法国自身的强大国力和社会发展环境多重条件相适应的基础上，由宫廷文化影响所衍生的时尚风潮自上而下地向法国社会乃至整个欧洲传播。高级定制在巴黎遍地开花。以高级时装屋为主要媒介，法国高级定制通过艺术、商业与政治的完美结合，构建了全新且独特的法国时尚，并伴随着国家间政治、经济、文化的沟通往来，使巴黎的时尚影响力几乎覆盖整个欧洲乃至世界。

（3）以"流行文化与大众市场"为特色的美国纽约时尚

19世纪末，全球一体化进程加速，以二战为契机，大量人才、各类产业以及艺术文化涌入美国发展。对外文化接受态度更为开放的美国，积极吸收欧洲工业革命成果，不断集聚时尚力量（杨道圣，2013）。与此同时，在第二次工业革命的影响下，美国现代纺织工业化生产快速转型，为大众市场建构奠定了坚实的物质与技术基础。纽约作为美国的发展要塞，借助于各类产业人才的进入、本土设计与当代艺术崛起，促使美国时尚逐渐完成了从跟风效仿到自主发展的转型，并在后续成长中，其时尚影响反馈至欧洲各国，同时对亚洲时尚的发展产生了较为深刻的影响（巴塔利亚，2014）。

（4）以贵族文化与创意文化为特色的英国伦敦时尚

纵观英国时尚发展进程，其纺织品与时尚产业已成为国家经济发展的重要支柱，深究其背后的动因可以发现国家设计政策对设计活动的推进促使英国时尚产业蓬勃发展。工业革命为英国纺织业奠定了坚实的基础，由此为起点，大致可以分为萌芽、发展、转型、崭新四个阶段。

第一阶段，政府制定相关政策促进设计活动及服装行业的发展，可以追溯至1851年"水晶宫博览会"展出服装、纺织品面料及机器，展示了英国纺织产业的崛起与设计相关政策的萌芽。"水晶宫博览会"之后，维多利亚及阿尔伯特（V&A Museum）等各类博物馆兴起，伦敦服装、产品设计类等书籍蓬勃发展。第二阶段为设计相关政策的发展阶段，包括规定"制衣业最低工资的原则""同酬法""有计划的配给制度"，设立"服装出口理事会"等，为后期英国设计政策的制定推广及时尚产业的崛起奠定了基础。第三阶段集中于20世纪90年代，英国设计政策发展成熟，系列设计政策的出台推动英国转型迈入创意产业经济时期。根据英国政府2018年底的官方数据，2017年，英国创意业产值已突破1000亿英镑，对英国经济总量的贡献约为14.6%，是仅次于金融业的第二大支柱产业。第四阶段的英国设计政策交织于全球疫情危机及绿色发展的时代背景下，英国政府引导下的时尚产业及品牌被赋予了数字化与可持续发展的特征。英国历经以上四个阶段的发展，其国家设计政策伴随着整个社会、经济、文化的发展不断与时俱进，逐渐呈现出以贵族文化与创意文化为特色的英国伦敦时尚。

2. 西方时尚的转承互动

时尚的概念起源于意大利，在文艺复兴运动的推动下，时尚作为一种新兴的文化标识影响欧洲。在不同的发展环境和区域范围内，各区域的时尚文化独具特色。

至17世纪，在路易十四的推动下，法国时尚快速发展。18世纪，法国成为西方时尚的唯一中心。随着资本主义的发展，时尚文化与时尚产业成为新兴资产阶级群体彰显自身实力、提高身份地位的重要手段之一。

在第一次工业革命的推动下，欧洲各国的经济、文化及政治联系加强，直接驱动了以英国等工业化强国为代表的欧洲时尚中心的多元发展。

以二战为转折点，技术、人才流入与经济发展直接推动了美国时尚文化的发展（王梅芳，2015）。美国于19世纪末在东部沿海地区积极布局纺织教育项目，纺织服装制造能力持续提升。20世纪以后，美国借助欧洲复兴计划，逐渐打开了欧美时尚中心联系互动的新局面，区域时尚快速发展并不断丰富世界时尚文化（图7-5）。

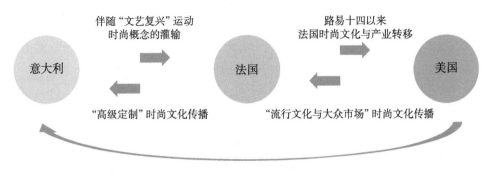

图 7-5　意、法、美时尚中心构建发展进程中的互动联系

（四）基于驱动力分析的时尚发展规律

借鉴目标一致理论，不难发现的是，在区域时尚中心的发展进程中，多种驱动力的共同作用下，西方时尚交流趋于频繁且联系互动。不同区域的时尚呈现多元化发展态势，共同推进世界时尚发展进程。

在上述分析中，我们发现各个区域时尚发展的转承契机往往看似由特定事件驱动，实则为历史发展的必然。即由拉力、推力、阻力、斥力共同作用，驱动世界时尚的互动联系，并推动时尚产业转型升级。

四力的驱动与影响一般都是同步的，见图 7-6。区域 A 代表时尚发展相对成熟的某一区域，当该区域受到拉力或推力驱动时，会产生由 ⅰ 向 ⅱ 发展的时尚互动趋势，即该区域的时尚文化与时尚产业处于伺机传播与扩张的发展局面；当该区域处于推拉力共同作用下，并且周围环境的阻力与斥力相对减弱时，时尚文化的传播与相关产业的扩张过程便会形成，即由 ⅰ 到 ⅲ 的转承动作。但时尚的发展并不是单一的输出或输入，区域 B 作为时尚发展相对欠佳的被传播对象，通过对优秀时尚文化的学习借鉴，结合自身升级发展时尚文化，到一定程度时，同样会受到驱动因素的作用，产生时尚影响力的反馈过程。至此，通过区域间的转承与反馈，时尚发展的双向互动局面才算最终形成。综上所述，我们可以说时尚的发展是在目标一致理论的概念背景下，将以区域 A、B 两者间的联系互动为一般规律，在上文所归纳的时尚驱动因素的作用下，推动以局部带动整体的世界时尚发展进程。

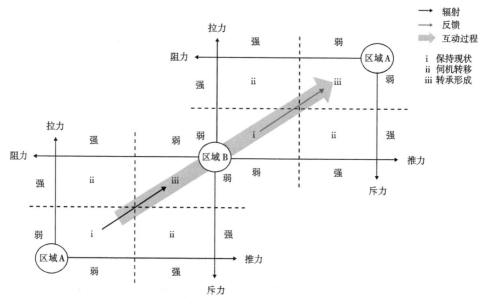

图 7-6　基于驱动力分析的时尚发展规律

（五）对目标一致理论借鉴的可能性

基于时尚发展的目标一致理论，区域时尚发展趋势与世界时尚发展进程协同一致时，区域范围内的时尚发展环境趋于优化，能够在促进区域时尚繁荣的同时实现各区域时尚的联系互动，进而推进世界时尚整体进程。在这一进程中，我们对时尚互动的驱动因素进行界定，产生了两组力，一组是积极正向的拉力与推力，另一组是相对阻碍沟通形成的阻力与斥力。在两组力的综合作用下，各个区域的时尚联系互动形成，即时尚文化发达地区向时尚欠发达地区输出优秀的时尚文化，时尚欠发达地区积极吸收时尚发达地区优秀的时尚文化从而更好地促进本地区时尚发展，最终形成各个区域的时尚互动联系，从而推进了世界时尚的整体进程。

在历史与空间维度的双重维度下，区域时尚通过继承并创新原有时尚文化特色，同时积极吸收借鉴不同区域优秀时尚文化，鼓励兼容并蓄的区域时尚文化形成，从而为区域时尚产业发展与更好地进入世界时尚市场做出贡献。

三、"元时尚"理论借鉴

我们以时尚为研究对象，借鉴德国社会学家、哲学家卢曼的社会系统理论，探讨"元时尚"理论。19世纪以来的西方学者已经展开了关于元理论的各个领域探讨，进而催生元学科、元概念、元术语等，但目前尚缺借助元理论的时尚研究。作为一个跨学科综合研究领域，借助元理论解读本身具有跨学科特征的"时尚"，有助于推进时尚理论创新。

（一）元理论研究现状

19世纪中叶，希尔伯特①效仿亚里士多德遗著创造出"Metamathematics"（元数学）②一词，其研究对象是数学本身的矛盾性问题。此后，学界借助"Meta-"（元）构成的新学科、新概念与新术语不断涌现，如元科学、元哲学、元美学、元艺术学等，西方世界遂掀起元理论研究热潮。目前，国内外对元理论的已有研究主要聚焦于三方面：元概念引入、元学科命名、元思维阐发。

其一，"元概念引入"为社会科学研究提供了相对位置的研究视角。杨柯夫等在其所译吉尔格诺夫的《哲学问题》（1981）中所总结："理论的相对位置，是元理论所要揭示的重要视角"。而后随着学科的分化和专业化程度的逐渐提高，自然科学领域的"元"概念被引入社会科学中，"元"理论获得了一种更为广义的阐释：社会学科在研究过程中需要以学科范式为前提进行论证。在此基础之上，社会学科的"元"理论阐发，有利于标定社会科学在研究过程中的参照点，并在相互结构关系中构建相对稳定的理论基础。

其二，"元学科命名"对学科名称冠以"元"，并对该学科进行元理论研究。国内学者李振伦在《元理论与元哲学》（1996）中提及，"从一般元理论观点出发，对每个学科名称冠以'元'，表示要以某种特别方法和原则对该学科理论

① 戴维·希尔伯特（David Hilbert），德国著名数学家。数学的矛盾性主要是使用集合产生的。希尔伯特提出了一个"直接方法"：由矛盾性的意义得出，即在数学中不能由公理推出矛盾。比如一个命题A及它的否定命题就不能均是数学定理。这样直接证明数学理论的无矛盾性就只需证明关于数学理论本身的一些命题。于是，被证明无矛盾的那个数学理论，又变成另一个数学范畴研究的对象，而后一个矛盾数学范畴就称为"元数学"。
② 元数学是一门数理逻辑方面的学科，主要研究对象是数学本身的矛盾性问题。元数学研究的是数理逻辑方面的问题。作为一门科学来说，数理逻辑从19世纪中叶就开始存在了。

进行一种后研究，即元理论研究或元理论分析。"这种观念被大多数国内学者所认同，如曹俊峰在《元美学导论》（2001）中，指出元美学是超越美学之上的美学，需要用更高层次的逻辑语言对美学陈述做语义与逻辑分析。李精明在《元学科研究范式回顾与元艺术学研究框架构建》（2016）中，探讨近百年历史中的元学科研究范式，并提出元艺术学的一致性、体系性、客观性、内涵性、关联性研究原则。李心峰、童燕萍、张霖源等就自身学科领域进行元理论研究，此外，基于元理论进行的该学科领域的相关分析还有：江宁康将文学领域的元小说作为作者和文本的对话形式（1994）；鲁明军将艺术设计领域的元绘画作为一种视觉认知方式（2020）；杨弋枢将艺术领域的元电影作为电影的"文本链形式"（2020）等。

其三，"元思维阐发"是系列思考的结果，这一点在元艺术学与元艺术的研究中较为突出。如：李心峰著有《元艺术学》（1997）、《关注"元艺术"》（2020）等一系列研究成果，认为不仅在艺术学中可以有"元艺术学"，而且在艺术创作领域也有"元艺术"，元艺术学与元艺术根本原因在于两者背后共同的思维方式——"元思维"。张新科在《"元艺术学"辨析——从李心峰〈元艺术学〉谈起》（2019）及《元艺术与后现代主义》（2020）等文章中，对元艺术、元艺术学进再次探讨；他认同李心峰的观点，并强调元艺术自我认识的目的在于探求艺术的自我意识，以及追求艺术与生活的界限。我们对已有研究进行整理发现，元艺术学包括元音乐学、元舞蹈学、元美术学等，这是从元理论的角度对艺术学进行的划分；艺术实践领域基于元思维指导下的研究还有元舞蹈、元电影、元绘画、元戏剧等，均归属于对艺术实践活动进行反思的具有元艺术特征的相关方法探讨，可称为"关于艺术的艺术"。此外，W.J.T. 米歇尔著有《图像理论》（2016），以专门的章节讨论了"元图像"，其中涉及"元绘画"，米歇尔将其解释为"关于绘画的绘画"。巫鸿在《重屏——中国绘画中的媒材与再现》（2017）一书中，运用米歇尔《图像理论》的"元图像""元绘画"理论研究了中国传统绘画。可见，以上一系列的元思维的阐发均为学科研究提供了新方法与新视角。

受元理论影响，众多学科被冠以"元"，进行该学科的元理论研究；学科的相对位置也得以揭示；在对该学科的系列思考中促使"元思维"得以阐发。

（二）"从一"与"从兀"——时尚的本质思辨与逻辑形式

"时尚"研究需要的概念范围、理论适用环境、实践活动解读、影响因素分析等，在超越"时尚"的模糊的、约定俗成的概念范畴之外，获得相对确定的本体认同。这种本体认同则需要通过探索时尚的理论、实践、创作等来不断确认，并在"元时尚"的"从一"与"从兀"的阐释中有所体现。

"元时尚"的"从一"与"从兀"对应了"元"汉字"从一"与"从兀"的涵义。汉译者把"Meta"译为"元"，并将"元"视为"后而上""后而本"的研究。正如许慎在《说文解字》（1997）一书中提到："元，始也，从一，从兀"；"一，惟初太始，道立于一，造分天地，化成万物，凡一之属，皆从一"；"兀，高而上平也，从一在人上。"因此，"元"至少包含两个层次，其一为"从一"，万物之本、本原思辨；其二为"从兀"，可指更高级、更上层的逻辑形式。如此，"元"便具有了思辨之涵义。

因而，我们基于"元"的"从一""从兀"两个层次对"元时尚"进行解析。"元时尚"的"从一"对应本原思辨的本体对象的研究，注重对时尚的关联性思考，催生了时尚创作与时尚实践。"从一"探究的内容，如：时尚是什么；时尚产生的重要原因；时尚会诱发人们的某种时尚感受或某种时尚行为等。"从兀"则更强调高层次的时尚研究方法与研究理论。"元时尚"的"从兀"对应更高级、更上层的逻辑形式，强调更高层次的理论探索。"从兀"的研究内容，如：时尚如何展现其特征；时尚如何构建人、组织、媒介与社会间的关系；时尚如何借助传播媒介进行传播等。基于此类问题展开的时尚理论探索即"元时尚"的"从兀"。

但无论是"从一"还是"从兀"，"元时尚"都在时尚研究范围内的两个或多个对象的相对意义中不断更新、重建，从而诱发新的时尚理论、时尚实践、时尚创作等，这与卢曼社会系统理论中的"自我指涉"概念不谋而合。

（三）自我指涉与系统概念——基于社会系统理论的时尚系统概念

德国社会学家、哲学家尼克拉斯·卢曼[①]的社会系统理论（social systems theory，SST）强调"自我指涉"概念与"系统"概念。社会系统中的"自我指涉"概念建构于一切社会现象之上，"系统"概念涉及除"环境"外的一切（秦明瑞，2003）。他在描述主体的"自我"与"他我"之间构建了一个"意义系统"，反思了"意义"的绝对性而肯定了"意义"的相对性，将"意义"看作"自我"与"他我"之间的桥梁，从而将"自我"与"他我"构建为一个封闭系统。"自我指涉"概念在封闭系统内逻辑自洽，但是这一封闭系统的阐释仍需借助相对意义的概念，引入新的系统元素，形成新的封闭系统来推进社会系统研究，以此循环新增系统要素，那么卢曼的社会系统理论即是无数个封闭系统的总和。

时尚可被视为一个封闭系统。借助卢曼的理论，我们可以将时尚理解为一个包含多个子系统的封闭系统，以进一步研究其系统间的相对关系。

时尚的"自我指涉"概念建构于一切时尚现象之上，时尚的"系统"概念涉及除"时尚环境"外的一切。在时尚主体的"自我"（时尚）与"他我"（元时尚）之间构建一个"意义系统"，反思其"意义"的绝对性，肯定"意义"的相对性，将"意义"看作时尚的"自我"与"他我"之间的桥梁，从而将时尚的"自我"与"他我"构建为一个封闭系统。封闭系统的阐释需要借助相对意义的概念，继而引入新系统要素，形成新的封闭系统，以此循环并新增时尚系统要素，那么时尚系统则是无数个封闭子系统的总和（图7-7）。

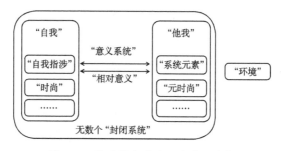

图7-7 基于社会系统理论的元时尚

[①] 尼克拉斯·卢曼（Niklas Luhmann），德国当代杰出社会学家之一，其发展了社会系统论，也是一位"宏大理论"的推崇者，主张把社会上纷繁复杂的现象全部纳入到一种理论框架去解释。主要著作有《社会的社会》《社会的艺术》《社会的法律》。

（四）跨学科理论借鉴的"元时尚"

基于以上认知，借鉴元理论解读时尚，我们将"元时尚"界定为：关于时尚的时尚。即"元时尚"是对时尚理论或时尚实践等，进行时尚的分层次、多维度考察；在时尚研究领域中，研究两个对象间的意义系统和相对位置，并不断催生新的时尚研究层级，进而帮助"时尚"寻求自身的位置，包括以下三点。

（1）"元时尚"是关于时尚的时尚，标定了时尚领域的相对位置与绝对位置。"元时尚"属于时尚范畴，是时尚领域的元理论，它将时尚视为研究对象，与"时尚"互为对方的意义系统，研究目的在于时尚系统中"时尚"与"元时尚"的相对位置与绝对位置的发现。

（2）"元时尚"借鉴元理论的"从一"与"从兀"探讨时尚的本质思辨与逻辑形式。借鉴"从一"与"从兀"分析时尚领域的元理论，以"从一"而论，时尚领域的元理论以时尚为对象，思考时尚的本质，催生时尚创作与实践；以"从兀"而论，时尚的元理论有助于进一步厘清时尚的逻辑形式，展开对时尚的全方位、深层次、多角度的理论探索，指导时尚创作与实践。

（3）基于社会系统理论，将时尚理解为一个包括"元时尚"在内的具有多个子系统的封闭系统。参考卢曼社会系统理论，在时尚系统与"元时尚"系统之间，建立起两个具有相对意义的封闭系统，而后两个封闭系统在自我指涉、自我更新中再生出由多个时尚子系统组成的封闭系统。

（五）基于"元时尚"的时尚现象分析

跨学科理论视角下的"元时尚"为时尚现象提供了理论依据。我们尝试基于以"元时尚"视角解读西方时尚历史样本。

（1）案例一，时空对话形式的"元时尚"——西方时尚中心的转承互动。以"'元时尚'是关于时尚的时尚，其标定了时尚领域的相对位置与绝对位置"加以解读。于是，西方时尚中心的转承互动体现了时空对话形式的"元时尚"。法国在路易十四时期逐步成为欧洲时尚的中心，至工业革命后，欧洲时尚多中心的发展，再到二战后转为美国时尚与世界时尚多中心并进，其间欧美时尚中心的转承互动，这是时尚群体需要、社会背景、经济背景等内外因共同催生的结果；是"元时尚"在自我指涉中的批判前进的时尚文明成果。

（2）案例二，思想文化认知形式的"元时尚"——时尚文化传承主体身份的转变。时尚文化传承主体身份的转变是一种思想文化认知形式下的"元时尚"。在时间、空间的交织下，路易十四时期至二战后，时尚文化发生了巨大变化，主要体现在由宫廷文化向流行文化的转变，这与时尚文化对应的时尚主体身份转变具有不可分割的联系。以时尚为研究对象，时尚文化随时间、空间地域的转变而变化，宫廷文化与工业革命后的西方时尚不再匹配。换言之，现实已不存在能使宫廷文化像路易十四时期那般热潮涌动的社会空间，时尚文化于是转变为迎合时代发展的流行文化。宫廷文化探讨时尚本质，但随着时代的进步，流行文化重新融合、再次定义和批判思辨了前者，达到时尚自身"从一"至"从兀"的逻辑层次的升华，在时尚封闭系统之外催生出的新系统要素。与宫廷文化相似，在路易十四之后的时代，以时尚文化、时尚逻辑事理关系为前提，进行时尚理论研究与时尚实践探索，将促使流行文化对新时代的改变无所适从，并产生与时代共同进步的新时尚文化，时尚文化传承主体的身份随之转变，这是时代所需，是时尚的本质思辨与逻辑形式的转变与提升，也是思想文化认知形式的"元时尚"。

（3）案例三，时尚体系交流互鉴形式的"元时尚"——时尚体系核心要素的建构。以"基于社会系统理论，将时尚理解为一个包括'元时尚'在内的多个子系统的封闭系统"加以解读。将每个时代的独特时尚体系作为一个封闭系统，其中组成时尚体系的核心要素在自我指涉中更新迭代，形成新的时尚封闭系统。纵观时尚核心要素互补的过程，即时尚产业制度、政府、机构、个体、时尚展览与评价的要素完善过程与时尚群体、时尚教育、时尚保障的互动，其中的时尚要素相互关联且不断更新，并加入时尚系统，形成新的时尚系统循环要素。

（六）对"元时尚"理论借鉴的可能性思考

"元时尚"以时尚为研究对象，是"关于时尚的时尚"。由汉字"元"的"从一"与"从兀"切入。"元时尚"的"从一"考察时尚本质，催生时尚创作与时尚实践；"从兀"注重时尚理论与时尚逻辑的探索，以指导实践与创作。基于卢曼的社会系统理论，"元时尚"对时尚进行自我理论探索，形成多个封闭子系统，且系统之间具有相对意义。这种相对意义贯穿于时尚现象之中，以"元时尚"解读时尚历史样本与典型案例："西方时尚中心的转承互动"是时空对话形式的

"元时尚";"时尚文化传承主体身份的转变"是思想文化认知形式的"元时尚";"时尚体系核心要素的建构"是时尚体系交流互鉴形式的"元时尚"等。"元时尚"在解读时尚现象的过程中,促进时尚领域增生出新的时尚封闭子系统,为时尚现象解读与时尚理论剖析做出贡献。

四、文化经济学理论借鉴

文化经济学作为艺术学研究领域的一个重要新兴交叉学科,是一门理论与实践密切结合的应用学科,是在市场经济和文化产业高度发展基础上出现的新兴学科。随着我国文化体制改革和文化产业快速发展,文化经济学研究正在日益成为各国政府部门和专家学者研究的重要内容。

我国文化经济理论研究起步于 20 世纪 80 年代,至今已有 30 多年的历史。其间,文化经济理论研究经历了从无到有、从无序到有序、由浅及深、由表及里的发展进程。1985 年,著名经济学家于光远先生于上海文化发展战略讨论会上提出应建立中国自己的文化经济学的主张,同年,我国学者李向民先生首次提出了"精神经济"的概念,并得到多方认可,中国文化经济学的研究进入了新时代。1986 年《国外社会科学文献》所译介的法国学者梅西隆(Mercillon)的"艺术经济学"一文,对我国 20 世纪 80 年代初期的艺术经济学研究产生了深远影响。

(一)文化经济理论研究的核心

罗伯特·伯罗夫斯基 [1] 提出,试图定义文化"无异于试图将风儿关入笼中",这个比喻形象地抓住了文化的概念难以定义的本质。美国人类学家克鲁伯和克鲁柯亨在《文化:关于概念和定义的检讨》一书中列举西方文化史上关于文化的概念达 164 种。我国古代将文化归纳为"人文",它是与日月星辰运行分布的错综复杂之道的"天文"相对应的概念,即指人类社会生活中纵横交错的君臣、父子、兄弟、夫妇、邻里等各种关系而形成的社会伦理关系。而"文化"是"人文"在近代进一步扩张而形成的含义。梁启超提出:"文化者,人类心能所开释

---

① 罗伯特·博洛夫斯基(Robert Borofsky),著有《创造历史》(*Making History*),提出了历史研究最初源于猜测,并提出了文化概念难以界定的本质。

出来者有价值的共业也"。在西方，"culture"一词的最初含义是指耕耘土地，到了 16 世纪，其含义转变为对"心灵与智力"的培育，而到了 19 世纪该词的含义变得更加宽泛，指对整体上的精神与智力文明的进步。在随后的发展中，文化的含义逐渐开始无所不包，它几乎包含了人类精神层面的一切民族的或社会的生活方式。

（二）文化与经济间的关系

人文社科学者们对文化与经济关系的探讨从文化经济理论创立以来从未间断。早期阶段，人们试图将经济作为文化的构成部分来进行研究，但随着文化体系的建立，文化与经济逐渐产生分离。随后，研究者们又努力将文化与经济、政治、社会理解平行的概念融合。在现代经济社会中，政治、经济、文化相互依存相互融合使每个概念都有了互相结合的范畴。但是需要厘清的是，文化经济中文化的概念并非全部的文化，文化所包含的范畴非常广泛甚至难以捉摸，为了将文化经济学中的文化与广义的文化相区分，同时也为了文化经济理论研究的便利，我们需要对文化的内涵进行区分。

（三）文化经济的多学科性质

在现代西方的学术语境中，"文化经济"是属于人文地理经济学领域中的一个概念。在不同的语境里，"文化经济"一词具有多重含义。一方面，随着地理学理论分支里"文化转向"的出现，"文化经济"被解释为是经济地理学的一个新的理论分支；另一方面，"文化经济"一词经常与政府的文化政策相关联，即文化经济政策。文化是经济众多的复杂性之一，经济也是文化众多的复杂性之一。问题的复杂多样性，决定了关于它的研究的多方面、多层次和多领域，从而构成了文化经济理论研究作为科学产生路径的多样性。

五、历时性与共时性研究

根据目标一致性理论，图 7-8（左）明确了历时性和共时性的关系：①连续轴线（AB），即历时性，处于这条轴线上的研究对象为同一事物，该事物的一切变化都位于这条轴线；②同时轴线（CD），即共时性，研究某一问题时，考察的是部分与部分或者部分与整体的关系以及其共同特征。

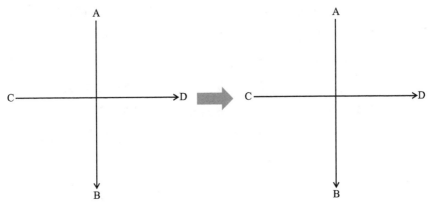

图 7-8 连续轴线 AB 和同时轴线 CD（左）与高级时装品牌中的时间维度和空间维度（右）

六、时尚与系统论

系统论（systems theory）是研究系统的结构、特点、行为、动态、原则、规律和系统间的联系，并对其功能进行数学描述的新兴学科。系统论的基本思想是把研究和处理的对象看作一个整体系统来对待。从科学工具的角度来看系统论，系统论又是具有哲学价值的方法论。

许多研究时尚或是服装的学者经常会提到"时尚系统"这个术语，对于时尚系统，许多理论家一致认为是一种特殊的衣着系统，具有可寻规律并遵循一定的内在变化逻辑。研究时尚的系统变化，就应该从生产—消费这一特殊的生产关系中着手。由于时尚具有特殊的社会属性，并且常常被认为与服装服饰有密不可分的关系，时尚体系为时尚产业提供了制度化的章程与有效的传播机制。同时，时尚体系的形成加剧了时尚行业间的竞争，催化了时尚品牌的出现。

如利奥波德（Leopold）在《时尚刺激：时尚读本》（*Chic Thrills: A Fashion Reader*）中提及的，时尚系统是服装生产过程中的一部分。时尚系统是分散的生产和多样化且不稳定的消费需求中种种关系的总和。利奥波德认为，时尚是融合了文化和生产的双重概念。罗兰·巴特①则通过时尚杂志上对服装的语言进行系统研究，并认为语言学系统和时尚系统在符号学概念中本质是相同且可互换的。许多评论家批判地看待这一观点，毕竟语言不能完全精确描述服装和时尚，并且尽管巴特的专著名为《时尚体系》（*Fashion System*），但其实描述的是服装系统，而非时尚系统。巴特以符号学为基础的复杂分析，明确了服装系统和时尚系统的区别。服装系统的主旨在于人如何穿着服装，在特定的社会和文化背景下应该穿着什么样的服装，以及西方服装有着哪些繁复的规定。这等同于在社会驱动下，我们得知衬衫通常有两个袖子，一条裤子有两条裤腿。比起时尚系统，服装系统更像社会公约，约束人们的穿着。

罗奇和穆萨在《西方服饰史的新视角》（*New Perspectives on the History of Western Dress*）中将简单的时尚系统和复杂的时尚系统进行一定的区分。比如在尼日利亚的提夫部族认为疤痕是一种时尚。在该时尚系统中，疤痕的形状设计、创造疤痕的方式是通过人与人传播的，时尚的疤痕被设计出来后，部族的其他人开始复制、普及，直到该款式最终被抛弃，逐渐被新的疤痕类型替代。这样的时尚系统存在于小规模的非现代社会中。而如意大利米兰、法国巴黎的时尚系统则复杂得多，涉及成千上万的人，如设计师、助理设计师、造型师、纺织品制造商、服装制造商、纽扣等辅料制造商、化妆品制造商、批发商、零售商、广告商和时尚摄影师等专业人士。同样，布鲁默（Blumer）在其专著中也使用了"时尚体系"这一术语，他分析了时尚在社会中的作用，尤其是在工业社会中，高度复杂的时尚体系已经发展起来并具有整合资源的功能。他并没有用衣服或服装一词来描述20世纪时尚系统的本质，而是认为服饰只是时尚所影响生活的一个案例。布鲁默为当代大众社会提供了一种适合时尚的理论。他认为时装系统是促进大众社会进行文化变革的复杂手段，而不仅仅是提供身份认同和维持阶级秩序的作用。

戴维斯（Davis）在其著作《时尚，文化和身份》（*Fashion，Culture and Identity*）中将时尚系统和服装系统区分开来，他认为"巴黎这样的时尚理念创新中心城市，是因为它具有极其发达的高级订制服装产业，并带动着各式各样

---

① 罗兰·巴特（Roland Barthes），法国作家、思想家、社会学家、社会评论家和文学评论家，代表作有《神话》《符号学基础》《批判与真理》等。

的时尚消费群体。"并认为时尚系统由诸多复杂的环节构成，如设计、展示、制造、分销和销售等，即从创造到消费的环节。然而，戴维斯并没有在此专著中说明时尚系统的内部结构，以及时尚系统中各个环节所经历的过程和其在系统中扮演着什么样的角色。川村由仁夜在此基础上补充了该理论，他在《日本设计师的巴黎时尚革命》一书中以戴维斯对时尚系统的分析作为出发点，将时尚视为一个制度体系。无论时尚系统简单或复杂，都有一定的基本特征和统一的规律：时尚系统的最低要求是由人群组成一个网络，该网络应包括时尚提议者（即设计师）和采用者（即消费者），且两者彼此互相沟通。

基于系统论，时尚是把若干要素组成具有一定新功能的有机整体，其各个作为系统子单元的要素一旦组成系统整体，就具有独立要素所不具有的性质和功能。而时尚系统中要素之间是由于相互作用联系起来的，要素之间相互作用，使得时尚表现出整体的性质和功能。

七、时尚与场域理论

"场域"一词是 19 世纪中叶的物理学概念，原指物体周围传递重力或电磁力的空间。1922 年，心理学家库尔特·考夫卡发表了一篇关于格式塔心理学的论文，首次提出了涉及场域概念的"心理场"。他认为世界是心物的，经验世界与物理世界不一样。总体而言心理场是指人的每一个行动均被行动所发生的场域所影响，而场域并非单指物理环境，还包括他人的行为以及与此相连的许多因素。

"场域理论"由法国社会学家皮埃尔·布迪厄在社会学理论研究中拓宽了其普适性而正式提出，最终确定了布迪厄场域理论的应用价值。在他的著作《实践与反思——反思社会学导引》一书中，布迪厄解释了关于场域的多个问题，其中包括场域的界限、场域运作和转变的原动力、场域和系统的区别、场域研究的步骤、场域作为社会行动者的实践和周围社会经济条件的中介环节的作用，以及场域的特点和规则等相关问题。

布迪厄表示："一个场域可以被定义为在各种位置之间存在的客观关系的一个网络，或一个架构。正是在这些位置的存在和它们强加于占据特定位置的行动者或机构之上的决定性因素之中，使这些位置得到了客观的界定，其根据是这些位置在不同类型的权利或资本的分配结构中实际的和潜在的处境，以及它们与其他位置之间的客观关系（支配关系、屈从关系、结构上的同源关系等）。"布迪厄的场域概念，不能理解为被一定边界物包围的领地，也不等同于一般的领域，而是在场域有内含力量的、有潜力的存在。场域是一种具有相对独立性的社会空间，其阐明了人位于多元外在空间的社会现实，具体来说是围绕特定社会产品及价值生产而形成的关系空间。布迪厄研究了许多场域，如美学场域、法律场域、宗教场域、政治场域、文化场域、教育场域等，每个场域都以一个市场为纽带，将其中象征性商品的生产者和消费者联结起来。

（一）场域理论框架

惯习是指一种生成性的结构，侧重于刻画行动者的心理方面，是一种社会化的主观性，也是一种持续的、不断变化的、开放的性情倾向系统。

资本是指在场域中活跃的力量，这里的资本不同于经济学家所有的资本概念，布迪厄将"资本"视作积累起来的物化劳动，这种劳动可以作为社会资源在排他的基础上被行动者或群体所占有。

"场域""资本""惯习"三个概念及其关系构成了场域理论的基本架构，阐释场域理论的根本目的在于解释实践。各种资源构成不同形式的资本，每一个场域都有各种占主导地位的资本，资本的数量、构成和变化标志着惯习在场域中的变化轨迹。

（二）场域理论的已有研究

布迪厄的场域理论开辟了中层观念的时尚研究新范式，在新媒体时代，时尚场域又被赋予了新的特殊意义。目前，国外时尚场域相关理论成果主要集中于布迪厄对于法国高级时装屋的研究，针对时尚场域的概念并没有明确；国内关于时尚场域相关理论研究较少，由时尚场域衍生出来的"子场域"进一步细分，主要集中在时尚场域与其他要素的应用以及存在的问题、对时尚资本构成的策略研究等方面。

安格尼·罗卡莫拉在《基于布迪厄社会文化理论的时尚场域批判》中通

过对布迪厄文化社会学的研究，借鉴其思想观念体系（资本、区别、地位和斗争）讨论了时尚场域的定义，引用布迪厄文化的"象征性生产"（symbolic production）概念来论述它与时尚场域的关系，认为大众流行的时尚消费是一种对品位的需求。该文中没有明确给出时尚场域的定义，主要讨论了时尚场域中不同地位的高级时装设计师之间对于时尚资本的争夺，在争夺过程中，时尚资本被赋予了特定的权威性，其既具有象征性意义，又具有经济性意义。美国纽约时装技术学院（Fashion Institute of Tecnology）教授川村由仁夜在其著作《时尚学：时尚研究概述》（*Fashion-ology: An Introduction to Fashion Studies*）（2005）中，基于布迪厄的艺术场域理论，将"时尚设计"视为象征文化的合法性生产，而以"时尚系统"来指代这种现象文化生产的结构化的社会制度。虽然没有使用"场域"概念，但是其理论框架均来源于布迪厄的场域理论。姜图图在《时尚设计场域研究》（2012）中，基于布迪厄艺术生产场域的分析，提出了时尚生产场域和时尚设计场域的概念。她认为，时尚生产场域由艺术生产场域演化而来，时尚设计场域则是争夺审美合法性的结果，时尚设计被纳入当代文化生产的范畴中加以考察，成为"时尚场域"的重要实践方式，并强调了艺术、设计和文化生产之间界限的模糊性。史亚娟在《时尚政治场域中的资本构成、转化及策略研究》（2019）中将时尚政治场域的构成理解为时尚资本、经济资本和权力资本等几种形式。她认为，政治精英、时尚从业者、时尚消费者在支持或反对某种政治立场或政治理念的斗争中实现了时尚资本的转化，这种资本的转化同时也体现为各方力量关系的变化，并成为该场域中时尚再生产的驱动力。

（三）场域理论的借鉴

通过查阅国内外时尚场域理论相关资料，我们发现，时尚场域理论已有研究主要聚焦于布迪厄对于法国时尚产业的研究，相关理论研究均聚焦于时尚资本的构成研究，从生产和消费的角度探讨了时尚场域的特性，并指出时尚场域的范畴因研究视角的差异而逐渐扩大。可见，时尚场域相关理论在当下新媒介融合的背景下进行探讨，更侧重于从媒介角度进行分析，但研究框架仍置于场域、资本、惯习理论下。此外，在基于布迪厄场域理论下研究各个"次场域"，其本质都是一种客观关系网络，均可用母公式来表现。纵观国内外文献，无论是时尚场域还是其他"次场域","场域"的空间化均通过价值生产参与者之间的斗争关系得以体现，但鲜有学者提出，这也是本章的研究价值所在。

综上所述，可以将时尚场域理解为：时尚生产中的各个行动者（设计、生产、销售、传播、消费等）之间为了争夺时尚资本而客观存在的一个关系空间网络或架构，这个关系网络始终遵循自身独特的逻辑与规律运作，且时尚场域与时尚体系的概念往往被互换使用。

根据 1984 年布迪厄著作《区隔》，场域中行动者竞争策略的选择取决于它们在场域中的位置，即资本的占有与分配情况，其简明公式为：

$$[（惯习）（资本）]+场域=实践$$

于是，我们将时尚群体惯习与时尚场域的相互作用解读为：

$$[（时尚群体惯习）（时尚资本）]+时尚场域=时尚实践。$$

八、时尚与模块化思想

模块化设计（modular design）概念于 20 世纪 50 年代被正式提出，是现代机械设计理论中的一种机械设计方法。20 世纪 90 年代以来，模块化思想被西方企业广泛应用于组织设计以形成新的竞争优势和产业结构。模块是一个有关系统方面的概念，指半自律性的子系统通过和其他同样的子系统按照一定的规则相互联系而构成更加复杂的系统或过程。

模块化思想起源于亚当·斯密（Adam Smith）的制造业分工理论。有关模块化理论起源的著作，目前公认的有二，一是奥地利著名建筑学者克里斯托弗·亚历山大（Christopher Alexander）所著的《形式综合论》[1]，其认为"将一个大型设计分解成几个主要部分，然后切断各个部分之间的关系，就可以将那些难以应付的设计问题变成可以控制和解决的问题。"二是美国知名教授、1978 年诺贝尔经济学奖得主赫尔伯特·亚历山大·西蒙（Herbert Alexander Simon）[2]的论文《复

---

[1] 《形式综合论》是亚历山大最重要且最常被引用的著作之一，该书奠定了亚历山大一生学术工作的基础，同时也是之后兴起的寻求设计方法运动的基本读本之一。

[2] 赫尔伯特·亚历山大·西蒙是 20 世纪科学界的一位奇特的通才，在众多的领域深刻地影响着我们这个时代。研究工作涉及经济学、政治学、管理学、社会学、心理学、运筹学、计算机科学、认知科学、人工智能等广大领域。

杂性的架构》，其中以钟表业为例，说明组件（模块）设计的重要性。尽管这两者都没有直接使用"模块化"这个词，但是两位作者都运用一个形象的比喻来阐述这个概念，即模块化的过程就是把一个复杂系统分解成一系列标准独立子系统的过程。

模块化思想最初应用于技术设计方面，随着应用领域的拓展，如今这种思想已远远超出了简单的技术领域。根据模块化思想，当构成某一完整事物的各个环节处于离散状态时，这些不能形成合力的环节将无法发挥应有的作用。相反，当这些环节进行有序连接之后，就能互助互推，发挥联动效应。模块化是指将产品各个部分设计成彼此独立的模块，使各模块间能方便地进行连接，每个模块也能独立存在。哈佛大学教授卡丽斯·鲍德温（Carliss Bladwin）和金·克拉克（Kim Clark）对模块化的说明：模块化思想的核心在于将较小、独立的模块组织成一个复杂整体，并使功效最大化，将可以把子系统统一起来从而构成复杂系统的行为称为模块化集成（modularization recombined）。

根据青木昌彦在《模块时代：新产业结构的本质》[①]（2003）中的观点，组织模块化是由系统集成商和模块供应商组成的结构系统。组织中的每一个子模块企业相当于一个独立的节点，他们具有自主的决策权，这与大规模生产方式下供应商对生产商存在的从属关系不同，子模块企业对系统集成商不再是单纯的依附关系，而是为了达成整个网络的价值最优，彼此之间展开的互利互惠的新型竞争合作关系。

基于模块化思想，时尚产品从设计研发到生产制造，再到进入市场，最终得到消费者的认可是一个充满不确定性的过程，因此时尚产业组织之间的相互信任与合作十分重要。模块化契约关系要求成员之间既有竞争又有合作。模块化要素是各个环节创新的来源或者实现手段，即模块化要素是制定系统规则的首要参考因素。时尚产业组织通过对创新要素的模块化整合，实现时尚产业创新过程中的信息传递效应、结构优化效应和知识溢出效应，进而实行创新体系新发展，催生新要素，以实现创新的不断循环。组织模块化形态对时尚产业而言，不仅可以帮助其原有产业形态进行拆分整合，而且可以在此基础上构建全新的价值创新

---

① 《模块时代：新产业结构的本质》公开讨论了从实践中总结模块化的意义与可能性。

系统。

九、时尚与梯度推移理论

梯度推移理论产生于 19 世纪的西方欧洲，从梯度推移理论雏形到 1826 年德国经济学家约翰·杜能[①] 提出农业区位论，主张农业集约化水平由中心城市向四周农牧区逐步下降，经历多个梯度，最终达到荒野的梯度分布。1890 年，英国经济学家阿尔弗雷德·马歇尔[②] 提出外部规模经济思想，认为众多的企业集聚在一起可以获得劳动力共享、专业化投入和知识信息外溢，有利于企业技术进步，降低成本，从而获得外部规模经济效益，此类集聚区即为高梯度区。20 世纪初期，德国经济哲学家阿尔弗雷德·韦伯[③] 提出工业区位论，从资源和能源的角度利用等费用探讨了各种类型工厂的生产成本在区域间的变化梯度，从而使梯度理论进一步丰富。

20 世纪 80 年代初，梯度推移理论被引入我国的总体布局与区域经济研究中，大体经历了三个不同阶段：①传统梯度推移理论。这种理论的基本观点是，无论在世界范围内，还是在一国范围内，经济技术的发展都是不平衡的，客观上已形成一种技术梯度，有梯度就有空间推移。②反梯度推移理论。在高新技术、资本和产业从发达地区向落后地区梯度转移扩散的过程中，落后地区要发挥主观能动性，利用信息化条件，充分发挥后发优势，改变被动、被辐射、被牵引发展的态势，改变第三产业渐次发展的顺序，跨越某些中间发展阶段，重点发展高新技术产业和自身具有优势的高端产业，形成相对较高的产业分工梯度。③广义梯度推移理论。广义梯度及其梯度推移是一个动态的历史发展过程，也是一个由量变到质变的自然历史进程，具有明显的阶段性。

基于梯度推移理论，时尚无论在世界范围内，还是在一国范围内，其产业

---

① 约翰·杜能（Johann Thünen），德国经济学家。现代西方区位理论的先驱者，被认为是经济地理学和农业地理学的创始人，他提出了农业经济中的孤立国学说。

② 阿尔弗雷德·马歇尔（Alfred Marshall），近代英国最著名的经济学家，新古典学派的创始人，剑桥大学经济学教授，19 世纪末和 20 世纪初英国经济学界最重要的人物。

③ 阿尔弗雷德·韦伯（Alfred Weber），德国经济学家、社会学家和文化理论家，创立了工业区位理论，深刻影响了现代经济地理学的发展。

的发展都是不平衡的，客观上已形成一种技术梯度。时尚产业部门往往集中于高梯度地区，因为高梯度地区集中了地理交通、电子信息、人才教育、销售市场等综合优势的城市群，是发展时尚产业的有利地带。伴随时尚体系转承，时尚生产力从高梯度发达地区向低梯度落后地区转移，从而逐步缩小地区间生产力的差距，实现一国的经济分布相对均衡。梯度推移理论的科学性在于，它以工业生命循环论为基础，揭示了生产力在地区间转移的动态过程。

十、时尚与文化地理学

文化地理学（cultural geography）是研究人类文化空间组合的一门人文地理分支学科，也是文化学的一个组成部分。它研究地表各种文化现象的分布、空间组合及发展演化规律，以及有关文化景观、文化的起源和传播、文化与生态环境的关系、环境的文化评价等方面的内容。其中，狭义的文化地理学研究人类文化的空间组合，即研究人类文化活动地域系统的形成以及其发展规律。如此看来，文化区域的形成、文明中心的转移和文化的扩散传播形式，都是文化地理学研究的重点内容。文化地理学作为人文地理学范畴下的一个亚分支，是研究不同地域特有的文化，以及文化渗透、转变关系的一门学科。

从文化地理学的角度来讲，时尚的早期扩散属于传染扩散。传染扩散是指文化通过人与人之间直接接触，相互交流信息进行文化的传播。在最初贵族时尚的招引下，唯有贵族和有闲阶级才能追求这种时尚。直到 18 世纪，资产阶级逐渐崛起，贵族阶级受到资本主义经济与工业革命的冲击，逐渐退出历史舞台。正是在资产阶级的带动下，时尚才真正形成了力量，并得到了广泛传播。时尚传播在地理上的中心化造成少数国际性都市的文化权力过于集中，我们认为，时尚产业的合并形成了文化控制力的集中化，而这种集中的权力又仅属于现有的世界的中心城市。

参考文献

巴特，1999. 神话：大众文化诠释 [M]. 许绮玲，译. 上海：上海人民出版社.

巴特，2000. 流行体系：符号学与服饰符码 [M]. 敖军，译. 上海：上海人民出版社.

巴特，2010. 神话：大众文化诠释 [M]. 许绮玲，译. 上海：上海人民出版社.

巴特，2011. 流行体系：符号学与服饰符码 [M]. 敖军，译. 上海：上海人民出版社.

布迪厄，华康德，1998. 实践与反思 [M]. 李猛、李康，译. 北京：中央编译出版社.

布鲁默，1996. 论符号互动论的方法论 [J]. 雷桂桓，译. 国外社会学 (4):11–20.

曹俊峰，2001. 元美学导论 [M]. 上海：上海人民出版社：27–30.

弗格，2016. 时尚通史 [M]. 北京：中信出版集团.

胡惠林，2014. 文化经济学 [M]. 北京：清华大学出版社.

霍金斯，2011. 创意生态：思考产生好点子 [M]. 林海，译. 北京：北京联合出版公司.

吉尔格诺夫，1981. 方法论——认识论的组成部分 [J]. 杨柯夫，陈冠华，译. 现代外国哲学社会科文摘 (11): 9–12.

江宁康，1994. 元小说作者和文本的对话 [J]. 外国文学评论 (3): 5–12.

姜图图，2012. 时尚设计场域研究 [D]. 杭州：中国美术学院.

李加林，王汇文. 时尚产业发展的文化支撑 [N]. 浙江日报，2019-03-11(9).

李精明，2016. 元学科研究范式回顾与元艺术学研究框架构建 [J]. 贵州大学学报（艺术版），30(1): 35–42.

李心峰，1997. 元艺术学 [M]. 广西：广西师范大学出版社：48–54.

李心峰，2020. 关注"元艺术" [J]. 艺术评论 (3): 20–27.

李振伦，1996. 元理论与元哲学 [J]. 河北学刊 (6): 26–31.

刘长奎，刘天. 时尚产业发展规律及模式选择研究 [J]. 求索，2012(01): 31–33.

鲁明军，2020. "元绘画"作为一种视觉认知方式——围绕斯托伊奇塔《自我意识的图像》的讨论 [J]. 南京艺术学院学报（美术与设计）(4): 49–55, 209–210.

罗斯，2012. 时尚 [J]. 窦情，译. 艺术设计研究 (3):11–15.

米歇尔，2016. 图像理论 [M]. 陈永国，胡文征，译. 北京：北京大学出版社.

诺斯，1994. 经济史中的结构与变迁 [M]. 陈郁，罗华平，等，译. 上海：上海人民出版社.

齐美尔，2017. 版时尚的哲学 [M]. 费勇，译. 广州：花城出版社.

秦明瑞，2003. 复杂性与社会系统——卢曼思想研究 [J]. 系统辩证学学报 (1): 19–25.

思罗斯比，2015. 经济学与文化 [M]. 王志标，张峥嵘，译. 北京：中国人民大学出版社.

索绪尔，1980. 普通语言学教程 [M]. 岑麒祥，叶蜚声，高名凯，译. 北京：商务印书馆.

塔尔德，2008. 模仿律 [M]. 何道宽，译. 北京：中国人民大学出版社.

童燕萍，1994. 谈元小说 [J]. 外国文学评论 (3): 13–19.

王梅芳，2015. 时尚传播与社会发展 [M]. 上海：上海人民出版社.

巫鸿，2017. 重屏：中国绘画中的媒材与再现 [M]. 文丹，译. 上海：上海人民出版社.

肖文陵，2010. 国际流行体系与当代中国时尚产业发展途径 [J]. 装饰 (10): 94–95.

肖文陵，2016. "二手"现实的实现：论国际时尚体系与西方文化传播 [J]. 美术观察 (9):30.

许慎著，1997. 汤可敬撰. 说文解字今释 [M]. 长沙：岳麓书社：2–5.

杨道圣，2013. 时尚的历程 [M]. 北京：北京大学出版社：79–83.

杨弋枢，2020. 作为"文本链"的元电影 [J]. 艺术评论 (3): 28–33.

张霖源，2014. 元电影的隐喻《后窗》中的视觉意识形态 [J]. 文艺研究 (9): 108–114.

张新科，2019. "元艺术学"辨析——从李心峰《元艺术学》谈起 [J]. 艺术百家 35(3): 203–209.

张新科，2020. 元艺术与后现代主义 [J]. 艺术评论 (3): 34–42.

周宪，2005. 从视觉文化观点看时尚 [J]. 学术研究 (4):122–126.

周晓虹，1995. 时尚现象的社会学研究 [J]. 社会学研究 (3):35–46.

Kawamura Yuniya, 2004. The Japanese Revolution in Paris Fashion[M]. New York: Berg.

Kawamura Yuniya, 2005. Fashion–Ology: An Introduction to Fashion Studies[M]. Oxford: New York: Berg.

Kawamura Yuniya, 2005. Fashion–Ology: An Introduction to Fashion Studies. Dress, Body, Culture [M]. New York: Berg.

MassimoBattaglia, FrancescoTesta,Lara Bianchi, et al, 2014. Corporate Social Responsibility and Competitiveness within SMEs of the Fashion Industry: Evidence from Italy and France[J]. Sus–tainability, 6(2).

Rantisi N M, 2004. The ascendance of New York fashion [J]. International Journal of Urban and Re–gional Research, 28(1): 86–106.

Thorstein B Veblen, 1899. The Theory of the Leisure Class[M]. New York: MacMillan Press.

第八章

西方时尚经验的借鉴与批评

2019 年，国务院办公厅发布《国务院办公厅关于加快发展流通促进商业消费的意见》，引发我们关于时尚文化与消费关联性思考。西方时尚进程与时尚中心的转承互动，既是偶发又是必然，我们以借鉴且批评的综合视角回望西方时尚，能够为形成中的中国大众流行文化与时尚消费市场提供参考。

为对接时尚消费市场建设需求，本书涉及的研究基于曾完成的国家社科基金艺术学项目、过往实践项目与理论研究成果，提出了以借鉴且批评的综合视角回望西方时尚历史样本，借助跨学科理论，探讨西方时尚研究的中国价值。

一、西方时尚已有研究的综合述评

国内外关于西方时尚的研究始于 1899 年，为美国经济学家凡勃伦展开的社会学与经济学视角研究。此后，齐美尔、赫拜特·布鲁默等理论学者推进时尚理论研究的进程。其中，凡勃伦的《有闲阶级论》（1964）、齐美尔的《时尚的哲学》（2017）和布鲁默的《国际社会科学百科全书》在时尚理论研究中较为有代表性。齐美尔曾提出时尚的产生，让个体不需要做出任何创造性的选择。时尚既满足了对差异性、变化、个性化的要求，也是"阶级分野"和"统合的欲望"的产物，因为时尚的广泛传播通过下层阶级对于上层阶级的模仿（下传理论）得以实现。齐美尔的理论看似与一些时尚研究理论互相矛盾，但充分说明了时尚的起点与驱动力，因为上层阶级并不会生产服装，而从时尚的产生到流行现象的最终呈现，需要经过多个选择与消费的过程。

进入 20 世纪，关于西方时尚的研究则聚焦于时尚文化、时尚体系以及时尚产业等多个领域。一是关于时尚文化内涵方面的研究。其中维尔纳·桑巴特的《奢侈与资本主义》、加布里埃尔·塔尔德的《模仿律》（2008）和苏珊·凯瑟的《时尚与文化研究》从多个视角推进了时尚文化相关研究。其中比较有代表性的研究是苏珊·凯瑟在其《时尚与文化研究》著作中的理论，她认为时尚和文化一样既是一种社会过程也是一种物质实践，为此她基于时尚与文化各自的属性特点，提出了时尚与文化研究全新的思维范式：风格—时尚—装扮。苏珊·凯瑟通过分析文化在服装设计、制造、销售、消费、时尚主体构成等各个环节之间的流动，说明时尚文化如何影响时尚主体、塑造主体身份。二是关于时尚体系的域外研究，主要由罗兰·巴特、皮埃尔·布迪厄、川村由仁夜等学者在符号学、社会学视角展开研究，出版《时尚体系》《时尚学：时尚研究导论》《时尚体系及其机制研究》等以符号学、社会学角度研究时尚体系的重要著作。其中的核心观念均认同时尚关联着无穷的事物，诸如人、空间、物、时间和事件等。国外许多学者都存在着一种共识，即认为时尚是以规则而系统的内在变化逻辑为特征的一种衣着系统。三是关于时尚产业概念、视角方面的研究。爱德华·罗斯在其著作《社会心理学》（1908）中较早展开了关于时尚产业的研究，研究的主要内容是围绕基础的概念和理论，把时尚产业的雏形归结为某一人类群体中对某一现象的周而复始的异常变化，这也标志着时尚产业的神秘面纱被正式揭开。克顿·托马斯在《时尚产业的可持续性文化》中指出可持续性将会是未来时尚产业的主要研究视角，他通过深入调研及数据分析，指出发展可持续性时尚产业要基于可持续性文化的注入、业务经理的拓展和时尚设计师观念的转变等一系列措施。

国内时尚研究始于 20 世纪末，就国际时尚体系中的中国时尚、时尚文化、时尚体系、时尚产业展开研究。周晓红在《时尚现象的社会学研究》（1995）中通过对市民的抽样调查和数据分析，认为时尚是一种特殊的流行现象，并且时尚与流行相辅相成，都反映着某一特定时段社会品位与社会心理活动。周宪在《从视觉文化观点看时尚》（2005）中认为时尚是一种复杂的社会行为，兼具文化意义与社会意义，并且时尚的现代性、先锋性、文化性是一个复杂的社会学习过程，影响到趣味和品位的区分，是对现存社会生活方式、价值和伦理的有力冲击。《中国时尚产业蓝皮书》（2008）面向时尚产业进行市场、要求、趋势进行了全面分析。程建强、黄恒学在《时尚学》中认为时尚的本质与内涵以及时尚外延的表现形式反映了时尚具有社会功能与文化价值。肖文陵在《国际流行体系与当代中国时尚产业发展途径》（2010）认为"国际流行体系"被视为上层阶级和下层阶级，要借助民族传统文化资源建立中国时尚产业的创新体系。颜莉在《时尚产业国内外研究述评与展望》中分析了时尚产业的性质，认为时尚产业应遵循艺术性本质、"以人为本"特征、结构性与层次性特征这三大原则，并指出时尚产业是以服装产业为核心，对日常生活体验进行装饰和美化的产业。姜图图在《时尚设计场域研究：1990—2010 年中国时尚场域理论实践和修正》（2012）中通过对布迪厄场域理论的研究与延伸，分析"时尚场域"建立过程中的内在逻辑关系及生产变化，并探讨了资本与时尚的关联性。杨道圣在《时尚的历程》中认为时尚是在人与人之间的相互追随和模仿中产生的，即在人群的传播中形成的。同时，时尚的选择被视为品位的一种新型表达形式，特权阶层往往成为时尚的引领者。陈建忠在《浙江时尚产业发展规划研究》中聚焦浙江时尚产业的特殊性，对创意设计、营销渠道等方面的提升提供建议，指出要提升时尚产业数字化程度。李采姣在《我国时尚产业文化内涵提升研究》指出，我国时尚产业发展一直面临的瓶颈问题是对文化内涵挖掘的缺失，这不仅导致我国时尚产业在国际同行竞争中的劣势，同时还使我国丧失了在国际时尚产业界的话语权。这一点李加林等在《时尚产业发展的文化支撑》（2019）中也有所阐述。宋炀在《时尚·道法自然：时尚与自然的关系史及时尚可持续发展问题研究》（2020）中运用设计学、材料学、环境学等交叉学科的知识，以时尚不断从自然界中拓展的新材料为线索，总结出时尚与自然关系的实质即人与自然的关系，并通过现行案例探索时尚可持续发展的方法，倡导人类在时尚与自然之间寻找共同发展的平衡点，让时尚发挥其特有的创造力，在自然中塑造可持续发展的空间。

综上，西方学者自 19 世纪末以来展开时尚综合研究，而中国学者的时尚研究多聚焦理论，缺乏理论与实践并举、历史映射当下的综合研究。本书正是借鉴且批评西方时尚经验，借助跨学科理论，聚焦典型时尚案例，以点带面地展开西方时尚研究，并进一步探讨中国流行文化与时尚消费市场发展的研究。

二、西方时尚历史经验——时尚转承与设计政策

西方区域时尚中心形成于不同历史阶段，是经济、政治、文化共同催生的

产物。西方时尚中心的形成与转承互动往往伴随着时尚文化、生产方式、消费群体、设计思潮的整体转变。回望西方时尚历史，其历史进程中经历了多次时尚中心转移，这几次时尚中心转移多由特定事件、关键性人物诱发，是多种时尚力量共同作用的结果，也是历史发展的必然轨迹。

我们从西方时尚历史回望中国时尚产业发展，同时分析西方时尚进程中遭遇的挫折与因个别设计政策制定落实引发的问题，分析西方时尚成功样本与失败案例。近40年来，西方国家纷纷设立了自己的国家设计政策和促进机构，美国更是区别于建立在文化高地起点的欧洲设计，从早期的技术导向到逐渐介入社会组织，形成了脱离于政府干预的设计角色新的范式转变。本书借鉴并批评西方时尚历史样本，吸取西方时尚经验以探讨西方时尚研究的中国价值。部分主要内容的前期归纳见表8-1。

表8-1 西方时尚成功经验与失败案例

国家	时尚文化特色	设计政策	时尚产业特征	成功经验	失败案例
法国	以"宫廷文化与高级定制"为特征的法国时尚文化	《共和二年法令》（1793）...《创新税收抵免计划》（2018）、《法国数字文化政策》（2020）...	高级定制驱动法国时尚产业发展	法国高级时装公会驱动，法国文化为核心，政策法规为保障的高级定制产业发展模式	注重传承但创新不足，时尚高等教育体系薄弱导致时尚人才外流。2015年起因受到快时尚品牌冲击，本土时尚消费市场萎缩
美国	以"流行文化与大众市场"为特征的美国时尚文化	《国家艺术与文化发展法案》（1964）...《创新设计保护法案》（2015）、《国家艺术及人文事业基金法》（2018）...	大众成衣驱动美国时尚产业发展	大众市场导向，行业协会扶持的技术与营销模式创新的时尚产业发展模式	20世纪90年代以来美国设计政策倡议三次流产。纽约政府于1993年建立时尚中心商业改善区以提升纽约城市形象，引发租金上涨，时尚产业缺乏与低成本创业空间丧失

续表

国家	时尚文化特色	设计政策	时尚产业特征	成功经验	失败案例
意大利	以"文艺复兴与高级成衣"为特征的意大利时尚文化	《欧洲复兴计划》（1948）…《企业激励计划》（2018）、《34号法令——时尚纺织业专项补贴》（2020）…	高级成衣驱动意大利时尚产业发展	行业协会发起，政府扶持，时尚产业集聚区为枢纽，依托于全球高级成衣产业链的时尚产业发展模式	2008年金融危机后意大利时尚产业进入萧条期，政府未及时给予时尚产业政策支持，导致意大利时尚产业利润大幅下滑
英国	以"贵族文化与创意文化"为特征的英国时尚文化	《英国创意产业路径文件》（1998）…《创意英国——新人才新经济计划》（2010）、《时尚设计师基金》（2019）…	创意文化驱动英国时尚产业发展	政府引领，全民参与，强调数字化策略的创意文化产业发展模式	2013年首提，至2020年正式"脱欧"，英国与欧洲国家的协作式时尚产业链被切断的同时制造成本上升，同时还要面对设计人才与资金流失问题

三、西方时尚研究——他山之石以攻玉

作为综合性学科，时尚研究需借助跨学科知识，譬如场域理论、元理论、文化地理学、梯度转移等展开综合研究。

同时，我们聚焦西方时尚经验与相关设计政策成效、时尚典型个案，整合文字、图像、实物资料，通过对历史信息的再确认推进时尚理论创新，展开由点及面的综合性研究（图8-1）。

我们基于时间维度，研究西方时尚历史样本与典型案例。回溯西方时尚进程，聚焦典型案例与西方时尚经验，以点带面地映射时尚历史进程，借鉴且批评西方时尚历史样本。

我们基于空间维度，分析西方时尚体系与时尚中心构成要素。基于历时性与共时性研究视角构成时尚研究纵横交错的综合研究视角，分析西方区域时尚文化、产业、体系的逻辑事理与内在联系，探讨西方时尚体系的空间维度构成与时尚中心构成的核心要素。

我们基于理论维度，借助跨学科理论推进时尚理论创新。整合文字、图像、实物资料，借助场域理论、元理论、文化地理学、梯度转移、目标一致等跨学科理论，综合新材料、视角、方法，通过对历史信息的再确认推进时尚理论创新。

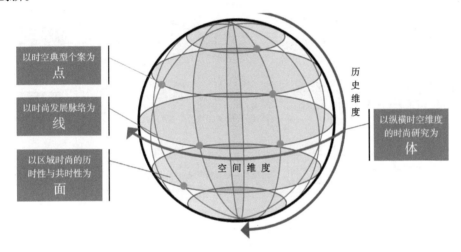

图 8-1　由点及面的综合性研究（时间、空间、理论、价值）

我们基于价值维度，探讨西方时尚经验以发现中国价值。借鉴西方时尚经验与相关设计政策落实成效，分析西方时尚历史进程中的成败案例，借助典型案例推进由点及面的整体性研究，探讨西方时尚研究的中国价值。

我们借助逆向反推、借鉴批评与实践比较的方式解读时尚。①通过对西方时尚经验与历史样本的研究，客观分析相关设计政策的成效、西方时尚中心的转承互动，以及时尚消费市场建构的历史经验，逆向反推中国流行文化与时尚市场建构发展的路径与方法。②通过对西方时尚历史样本的研究，总结西方时尚经验并进行客观批评。③实践比较。通过凝练中国时尚文化特色，推进中国时尚产业与经济发展。比较西方时尚特定阶段的相关设计政策与遇到的主要问题，比对实践案例以启发当下。通过对西方时尚的解读，比对各个时期的中国时尚，并探讨两种文明的对话与时尚艺术表现方式。

借助西方时尚历史样本，我们可以通过历史经验的探讨与逻辑事理关系的梳理，以借鉴并批评的综合视角，回望历史，展望未来，探讨西方时尚研究的中国价值（图 8-2）。

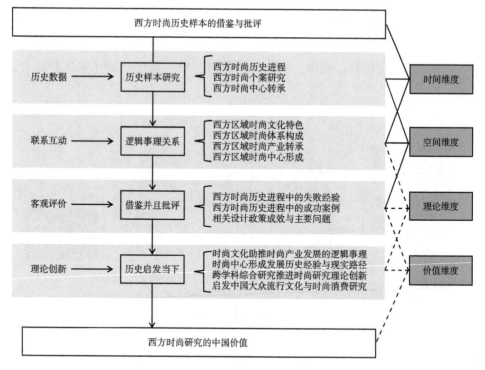

图 8-2　西方时尚研究的思考与研究视角

四、西方时尚研究的路径

路径一：顺脉西方时尚中心形成与转承互动的时尚进程。 西方区域时尚中心形成于不同历史时期，是经济、政治、文化共同催生的产物。西方时尚中心的形成、发展与转承互动往往伴随着时尚文化、生产方式、消费群体、设计思潮的整体转变。回望西方时尚历史，其间经历了多次时尚中心转移，这几次时尚中心转移多由特定事件、关键性人物诱发，却是多种时尚力量共同作用的必然结果。

路径二：厘清区域时尚文化、体系、产业的逻辑事理。 法国经历了自宫廷时尚到高级时装产业的发展进程；美国经历了自仰望法国巴黎到自主创新的文化与产业转型；意大利经历了二战后的国际时尚产业链与高级成衣市场建构；英国经历了贵族时尚与创意文化产业的融合发展。西方时尚在历史进程中逐渐形成了各具特色的区域时尚文化。以"宫廷文化与高级定制"为特征的法国时尚文化、以"流行文化与大众市场"为特征的美国时尚文化、以"文艺复兴与高级成衣"为特征的意大利时尚文化、以"贵族文化与创意文化"为特征的英国时尚文化均形成于不同时代背景下，且均成为各区域时尚中心发展的内在动力，结合与之配伍的时尚体系，为国家的政治经济文化发展做出贡献。通过厘清西方区域时尚文化、体系、产业间的逻辑事理，可启发中国大众流行文化与时尚消费市场发展。

路径三：借鉴批评西方时尚进程中的典型案例与各类设计政策成效。从西方时尚回望中国时尚产业发展，同时分析西方时尚进程中遭遇的挫折与因个别设计政策制定落实引发的问题，并分析西方时尚成功样本与失败案例。近40年来，西方国家纷纷设立自己的国家设计政策和促进机构，美国更是区别于建立在"文化高地"起点的欧洲，从早期的技术导向，到逐渐介入社会组织，形成了脱离于政府干预的设计角色新范式转变。借鉴并批评西方时尚历史样本与相关设计政策，可从中吸取西方时尚经验进而探讨西方时尚研究的中国价值。

五、西方时尚研究与中国价值的发现

时尚是设计的前沿部分，时尚体系是集设计、运营、制度、文化、产业于一体的综合范畴，具有时间与空间的双重属性。

西方区域时尚文化是西方时尚产业，乃至国家政治、经济、文化发展的内在动力。以"宫廷文化与高级定制"为特征的法国时尚文化，以"流行文化与大众市场"为特征的美国时尚文化，以"文艺复兴与高级成衣"为特征的意大利时尚文化，以"贵族文化与创意文化"为特征的英国时尚文化均形成于不同时代背景下，成为各区域时尚中心发展的内在动力。

时尚中心的转承互动是西方时尚进程的历史必然。自路易十四推动法国成为欧洲时尚唯一中心，至工业革命驱动欧洲时尚多元中心出现，再到美国以二战为转折形成大众流行文化与消费市场，西方时尚的转承互动往往伴随转承契机的出现与时尚要素不断积聚，是时尚进程的历史必然。因此，借鉴且批评西方时尚能够发现中国价值。

学术意义：①分析西方时尚历史样本，凝练西方区域时尚文化特征及其产业助推作用。厘清西方时尚文化、体系、产业逻辑事理。②聚焦典型案例与西方时尚经验，发现西方时尚中心转承互动的契机、驱动力与历史发展必然。

应用价值：①总结西方时尚文化为区域时尚产业发展的历史经验做出贡献，探讨中国时尚文化助推时尚产业，乃至国家政治经济文化发展的逻辑必然，为中国大众流行文化与时尚消费市场发展提供借鉴。②归纳分析西方时尚经验与相关设计政策成效，以典型个案为切入点，对西方时尚历史样本借鉴并批评，进而发现中国价值。

六、典型案例映射西方时尚进程

本书聚焦于19世纪末至20世纪的法国高级时装屋及其设计运营方式，以查尔斯·沃斯、雅克·杜塞、保罗·波烈、佛坦尼、查尔斯·詹姆斯、艾尔莎·夏帕瑞丽、香奈儿、纪梵希高级时装屋等为典型个案，希望通过多个个案研究映射全局的方式，以点带面地研究西方时尚的发展进程。回望西方高级时装屋萌芽阶段的早期时尚历史样本，本书通过对历史信息的再确认探讨典型案例与西方时尚经验，为研究西方时尚中心转承互动的契机、驱动力与历史发展必然提供可借鉴的早期时尚历史样本。

同时，我们通过研究发现早期的法国高级时装屋已有设计管理的雏形。设计管理是近年国内外学者探讨的焦点问题之一。纵览已有研究，诸多特定领域的设计管理方式被一再探讨，以不断推进学界对设计管理的认知。但其中鲜有高级时装领域的设计管理研究。高级时装屋设计管理的对象为高级时装屋，高级时装设计师作为高级时装屋设计管理实践活动的驱动者，肩负设计与管理的双重职能，其工作内容涵盖了设计、运营、战略的多个层面。回望历史，不难发现：首先，这一时期的高级时装屋均由高级时装设计师一人承担设计师与管理者职能；其次，这一时期的高级时装设计师以解决设计问题为主要导向，兼顾高级时装屋的设计效率与盈利能力；最后，这一时期的高级时装屋设计与运营方式显示出了设计、运营、战略三个方面的积极创新。

综上，以19世纪末至20世纪的法国高级时装屋为典型案例，其设计与运营方式实际上是高级时装设计师的集体选择。他们往往肩负设计与管理职能，并积极采用设计、运营、战略创新，以推进高级时装屋的高效运营，甚至积极拓展海外市场，寻求更多市场发展机遇。这些百余年前的高级时装屋中一部分与时俱进，得以繁荣至今，一些则已然消逝在时尚的历史进程中。但它们19世纪末以来先后所采用的具有前瞻性的设计与运营方式依然启发当下，并作为早期研究样本为当下的时尚消费市场研究做出贡献。

19世纪末20世纪初的西方正处于时尚风格从古典样式向现代样式过渡的历史性转换时期，在这样一个现代样式与古典样式交换的时期，时尚的变化可谓风起云涌，设计师们也从幕后走向台前，为西方时尚的发展与转型做出贡献。从这一时期开始，在社会背景，艺术思潮和设计师的革新下，欧美开始了频繁的时尚转承互动，从欧洲现代时尚体系自文艺复兴时期萌发，逐渐发展至法国成为唯一时尚中心。工业革命带来的便利与科技更是加速后期欧洲多元时尚中心态势，直至20世纪，以二战为契机，欧美之间的技术、人才、艺术转移，欧洲时尚中心逐步向美国时尚中心转承。在内、外因素的互动作用下，美国时尚借鉴吸收了欧洲时尚体系运作模式，实现了包括消费群体、生产方式、文化类型、艺术形式等因素转变，驱动了欧美时尚体系在19世纪至20世纪初的转承。这种由特定政治、经济、文化背景与消费群体演变驱动的西方时尚转承，具有很强的时代性和历史必然性。通过对已有历史经验的总结和已知史料的细颗粒研究，可以发现新的线索与认知。以借鉴与批评的客观视角，借鉴跨学科理论展开综合视角的研究，启发当下中国时尚产业，乃至时尚学学科建设。

参考文献

巴特，1999. 神话：大众文化诠释 [M]. 许绮玲，译. 上海：上海人民出版社.

巴特，2000. 流行体系：符号学与服饰符码 [M]. 敖军，译. 上海：上海人民出版社.

布迪厄，华康德，1998. 实践与反思 [M]. 李猛，李康，译. 北京：中央编译出版社.

布鲁默，1996. 论符号互动论的方法论 [J]. 雷桂桓，译. 国外社会学 (4)：11—20.

凡勃伦，1964. 有闲阶级论：关于制度的经济研究 [M]. 蔡受百，译. 北京：商务印书馆

格朗巴赫，2007. 亲临风尚 [M]. 法新时尚国际机构，译. 湖南：湖南美术出版社.

姜图图, 2012. 时尚设计场域研究: 1990—2010 年中国时尚场域理论实践和修正 [D]. 杭州: 中国美术学院.

李加林, 王汇文, 2019. 时尚产业发展的文化支撑 [N]. 浙江日报, 2019-03-11.

齐美尔, 2017. 时尚的哲学 [M]. 费勇, 译. 广州: 花城出版社.

思罗斯比, 2015. 经济学与文化 [M]. 王志标, 张峥嵘, 译. 北京: 中国人民大学出版社.

宋炀, 2020. 时尚·道法自然: 时尚与自然的关系史及时尚可持续发展问题研究 [J]. 艺术设计研究 4(5): 5-15.

塔尔德, 2008. 模仿律 [M]. 何道宽, 译. 北京: 中国人民大学出版社.

王柯, 2020. 肖文陵: 眺望时尚的尽头 [J]. 美术观察 (7): 8-9.

肖文陵, 2010. 国际流行体系与当代中国时尚产业发展途径 [J]. 装饰 (10): 94-95.

肖文陵, 2016. "二手" 现实的实现: 论国际时尚体系与西方文化传播 [J]. 美术观察 (9): 30.

杨道圣, 2013. 时尚的历程 [M]. 北京: 北京大学出版社: 79-83.

周宪, 2005. 从视觉文化观点看时尚 [J]. 学术研究 (4): 122-126.

周晓虹, 1995. 时尚现象的社会学研究 [J]. 社会学研究 (3): 35-46.

Kawamura, 2005. Fashion-Ology: An Introduction to Fashion Studies[M]. Oxford: New York:Berg.

Rantisi N M, 2004. The ascendance of New York fashion [J]. International Journal of Urban and Regional Research, 28(1): 86-106.

后 记

现代时尚体系源于19世纪末高级时装产业兴起。随着时尚从传统西方宫廷教化的工具向现代商业系统转变，欧美时尚也逐渐打破自路易十四时期以来对法国巴黎的向往追随，转而寻求自身风格的探索。以二战为转折，生产方式与时尚主流群体逐渐转变，多个世界时尚中心在20世纪相继形成：法国巴黎、意大利米兰、美国纽约、英国伦敦。这四个时尚中心具有各自的时尚文化特征与时尚产业特征。其中，区别于欧洲时尚的传统文化高地天然优势，美国时尚独立于欧洲时尚，自成一体，建构了综合商业和艺术的时尚发展模式，纽约时尚中心的数度转承互动，均是值得研究的时尚历史样本，西方时尚实质上是近现代国际时尚体系的核心。国际时尚体系传播的是欧美文化，传播的结果在世界范围内形成时尚文化输出与经济变现。国际时尚体系传播的过程在法国时尚文化的形成、发展、输出，乃至法国时尚的经济、政治价值彰显中清晰可见。从本质上讲，西方时尚体系是文化大国在世界范围内资源和资本占有的经济体系。本书涉及西方时尚历史经验的总结及其逻辑关系的梳理，对于正在挖掘中国传统文化赋能时尚产业发展并谋求发声国际的中国时尚产业而言具有参考价值，对于剖析当下中国时尚发展面对的现实问题具有参考意义。

书稿基于浙江理工大学丝绸与时尚文化研究中心基地的建设与发展撰写而成。从中心成立至今，在相关学者的参与下，我们从各个维度推进了对向西方时尚的相关研究。协助我完成统稿工作的各位皆是对西方时尚有着独到研究的青年学者：研究生王明坤、康瑜、汪若愚、徐颖洁、沈李怡、朱倩倩、王娅妮、张璐阳、方庆、陈嘉慧等在我的指导下参与了本书单案例的个案式研究。以上人员均对本书有所贡献，一并谢过。

希望本书能够通过对西方时尚历史样本的研究与历史数据的再发现以及对既定事实的再探讨，探索西方时尚进程及其规律，以借鉴与批评的综合视角解读西方时尚，为形成中的中国大众流行文化与时尚消费市场提供参考。

刘丽娴

2021 年 3 月 10 日

图书在版编目（CIP）数据

西方时尚历史样本的借鉴与批评——典型案例与跨学
科综合研究 / 刘丽娴著. — 杭州 ：浙江大学出版社，
2021.11
ISBN 978-7-308-21891-7

Ⅰ．①西… Ⅱ．①刘… Ⅲ．①服装设计－历史－研究
－西方国家 Ⅳ．①TS941.2-091

中国版本图书馆CIP数据核字(2021)第214502号

西方时尚历史样本的借鉴与批评——典型案例与跨学科综合研究

刘丽娴　著

责任编辑	金佩雯　蔡晓欢	
责任校对	陈　宇	
封面设计	周　灵	
出版发行	浙江大学出版社	
	（杭州市天目山路148号　　邮政编码310007）	
	（网址：http://www.zjupress.com）	
排　　版	杭州林智广告有限公司	
印　　刷	广东虎彩云印刷有限公司绍兴分公司	
开　　本	710mm×1000mm　1/16	
印　　张	15.5	
字　　数	245千	
版 印 次	2021年11月第1版　2021年11月第1次印刷	
书　　号	ISBN 978-7-308-21891-7	
定　　价	78.00元